四川警察学院网络安全与执法专业应用型人才培养实践成果

2020 年首批国家一流本科课程（计算机网络　编号：2020140785）建设拓展性成果

网络安全技术实践

杨兴春　王刚　王方华 ◎ 编著

西南交通大学出版社

·成　都·

图书在版编目（CIP）数据

网络安全技术实践 / 杨兴春，王刚，王方华编著
. 一成都：西南交通大学出版社，2021.9
ISBN 978-7-5643-8257-5

Ⅰ. ①网… Ⅱ. ①杨… ②王… ③王… Ⅲ. ①计算机
网络 – 网络安全 – 高等学校 – 教材 Ⅳ. ①TP393.08

中国版本图书馆 CIP 数据核字（2021）第 190462 号

Wangluo Anquan Jishu Shijian

网络安全技术实践

杨兴春　　　王　刚　　　王方华　　**编著**

责任编辑　　张文越
封面设计　　何东琳设计工作室

出版发行　　西南交通大学出版社
　　　　　　（四川省成都市金牛区二环路北一段 111 号
　　　　　　西南交通大学创新大厦 21 楼）
邮政编码　　610031
发行部电话　028-87600564　028-87600533
网址　　　　http://www.xnjdcbs.com
印刷　　　　四川煤田地质制图印刷厂

成品尺寸　　185 mm × 260 mm
印张　　　　12
字数　　　　264 千
版次　　　　2021 年 9 月第 1 版
印次　　　　2021 年 9 月第 1 次
定价　　　　38.00 元
书号　　　　ISBN 978-7-5643-8257-5

课件咨询电话：028-81435775
图书如有印装质量问题　本社负责退换
版权所有　盗版必究　举报电话：028-87600562

网络安全与计算机网络密不可分，目前，随着互联网、物联网在世界各国的广泛应用，全球的网络安全形势日益严峻，各级各类网络安全事件频发，网络安全已经在很大程度上影响到民生福祉和国家安全稳定。早在 2014 年 2 月，中央网络安全和信息化领导小组第一次会议就已指出：没有网络安全就没有国家安全。尤其是在当前，面对复杂多变的国际形势，我国急需培养大量的网络安全技术人才，而人才的培养，离不开优质的书籍资源。本书是作者近年来在网络安全技术方面实践的结晶，希望本书能为广大学生群体和网络安全相关人员提供学习参考。

为满足各行各业对网络安全技术人才的迫切需要，提高网络安全技术和信息安全人才培养质量，本书在前期出版的系列网络技术教材《计算机网络上机实践指导与配置详解》《计算机网络技术实践》、《高级网络技术实践》的基础上，给出了若干网络安全技术的具体实践，包括 AAA 认证技术、BGP 认证技术、防火墙（华为和思科）的主要安全防护配置、WLAN 安全技术实践、IPSec 技术和 BFD 技术、PPP 安全认证技术、NAT 技术和两个网络安全技术实战化教学成果案例。

考虑到品牌交换机、路由器等设备在市场上占有率的变化以及国家网络安全战略的需要，本书在安全技术实践方面，以华为设备的配置为主。本书的主要特点如下：

一是可读性好。凡是需要用户输入的配置命令，均用加粗的 Times New Roman 字体表示，并给出了必要的命令注释，以帮助读者理解。

二是操作性强。以具体实例的形式，给出了详细和完整的安全配置步骤、配置命令及命令含义和需要注意的事项。

三是真实性。所有安全技术配置命令均在模拟器（华为 eNSP、GNS3）环境中或真实硬件设备上测试通过。

四是服务公安工作。本书所有章节所涉及的安全技术及其配置实现，都能应用到公安机关的网络建设和安全运维管理之中，其中第 8 章内容是源于执法单位、服务公安实战的典型案例。

本书由杨兴春、王刚、王方华编著，参与编写工作的其他人员的有：敬可佳、郭佑铭、杨羿天、王映月、向泳齐、曾利、罗国庆、冯枭芮、兰子晗、何雨松、周子艺、杨怡等，张馨月、邓莉参与校稿，最终由杨兴春、王刚负责统稿。

本书共 8 章，四川警察学院王刚教授（国家网络工程师）负责编写第 1 章、第 2 章、第 6 章；四川警察学院杨兴春副教授（国家网络工程师）负责编写第 3 章、第 4 章；四川警察学院王方华老师负责第 5 章、第 7 章；第 8 章由网安专业学生曾利和罗国庆在王刚教授的指导下完成，是实战化教学的主要成果之一。

本书内容也包含 3 个省级以上（含）大学生创新创业训练计划项目成果，具体如下：

（1）第 1 章第 1.3 节、第 2 章和第 6 章是国家级和四川省大学生创新创业训练计划项目"网络安全技术实践：基于 RADIUS、HWTACACS 协议和 BGP 认证"（编号：202012212046X）的成果，该成果是在王刚教授指导下，由该项目团队成员郭佑铭（负责人）、兰子晗共同完成。

（2）本书第 3 章第 3.1.8 小节和第 4 章第 4.1 节内容是国家级和四川省大学生创新创业训练计划项目"网络安全技术实践：WLAN 安全技术和华为 USG 5500 防火墙技术"（编号：202012212045X）的成果，该成果是在杨兴春副教授指导下，由该项目团队成员敬可佳（负责人）、王映月、向泳齐共同完成。

（3）本书第 5 章内容是四川省大学生创新创业训练计划项目"网络安全技术实践：网络设备安全登录、IPSec 技术和双向转发检测 BFD 技术"（编号：202012212017X）的成果，该成果是在王方华老师指导下，由该项目团队杨羿天（负责人）、冯枭芮、何雨松共同完成。

本书可作为网络安全或信息安全相关课程的实践教材，供计算机科学与技术、网络工程、网络安全与执法等相关专业的本科生或研究生使用，也适合从事网络安全工程和网络安全执法技术的高层次技术人员使用。

在本书的编写过程中，由于作者水平有限、编写时间仓促，书中的疏漏和不妥在所难免，敬请专家、读者批评斧正，并提出宝贵意见，本书作者电子邮箱：yangxc2004@163.com、124357009@qq.com。另外，限于篇幅，本书没有包括其他网络安全技术。

最后，本书得到了下面项目的资助：

（1）四川省教育厅教学改革重大项目"转型发展 实战导向：新时代应用型警务人才培养模式改革与实践"（编号:JG2018-870）。

（2）四川省大学生创新创业训练计划项目"网络安全技术实践：WLAN 安全技术和华为 USG 5500 防火墙技术"（编号：202012212045X）。

（3）四川省大学生创新创业训练计划项目"网络安全技术实践：基于 RADIUS、HWTACACS 协议和 BGP 认证"（编号：202012212046X）。

（4）四川省大学生创新创业训练计划项目"网络安全技术实践：网络设备安全登录、IPSec 技术和双向转发检测 BFD 技术"（编号：202012212017X）。

（5）四川警察学院网络技术类"课程思政"示范教学团队（SZ-TD05）和计算机网络校级"课程思政"示范课程（SZ-KC15）。

（6）四川警察学院博士科研启动项目（电信网络诈骗犯罪侦查与防范研究）。

编　者

2021 年 7 月

第 1 章　AAA 认证 ·· 001

　1.1　AAA 本地认证 ··· 001

　1.2　RADIUS 协议及其配置技术 ··· 009

　1.3　基于 AAA+HWTACACS 的认证、授权、计费技术 ·················· 014

第 2 章　BGP 认证 ·· 021

　2.1　基于单一密钥的 BGP 认证技术 ··· 021

　2.2　基于 Keychain 的 BGP 认证技术 ······································· 028

第 3 章　防火墙技术 ·· 041

　3.1　华为 USG6000V 防火墙 ··· 041

　3.2　思科 PIX 防火墙简单入门配置 ·· 100

第 4 章　WLAN 安全技术 ·· 112

　4.1　WLAN 安全概述 ··· 112

　4.2　WLAN 安全配置 ··· 113

第 5 章　IPSec 技术和 BFD 技术 ·· 123

　5.1　IPSec 技术 ··· 123

　5.2　双向转发 BFD 技术 ··· 129

第 6 章　PPP 安全认证技术 ·· 136

　6.1　基于 PAP 的 PPP 安全认证技术 ·· 136

　6.2　基于 CHAP 的 PPP 安全认证技术 ······································ 142

第 7 章　NAT 应用技术 ··· 149

　7.1　NAT 基础 ··· 149

7.2 常用 NAT 技术 ··· 150

7.3 华为常用 NAT 配置技术 ··· 155

第 8 章　网络安全技术实战化教学成果案例 ··························· 169

8.1 基于使用移动应用软件实施犯罪的 IP 地址提取技术 ··············· 169

8.2 应用网络技术服务公安工作实例 ····································· 180

参考文献 ··· 186

1.1　AAA 本地认证

　　AAA 的全称是指 Authentication、Authorization、Accounting，表示认证、授权和计费。它提供了一个对认证、授权和计费这三种安全功能进行配置的一致性框架，实际上是对网络安全的一种管理。

　　AAA 本地认证是指将用户信息配置在本地设备上，当用户访问设备和服务时需要进行身份认证的一种网络安全认证方式。本地认证的优点是速度快，可以降低运营成本，缺点是存储信息量受设备硬件条件等方面的限制。华为设备 AAA 本地认证的相关命令及其功能如表 1-1 所示。

表 1-1　华为设备 AAA 本地认证的相关命令及其功能

命令	功能
[HW]aaa	进入 AAA 配置模式
[HW-aaa]display　this	查看当前设备默认的 AAA 方案
[HW-aaa]local-user <用户> password cipher <密码>	创建用户并设置认证密码，密码以密文形式存储
[HW-aaa]local-user <用户> service-type <网络服务>	定义用户访问当前设备的某项网络服务
[HW-aaa]local-user <用户> privilege level <数值> password cipher <密码>	创建具有一定权限级别的用户并设置认证密码，密码以密文形式存储。数值的范围是 0～15，数值越大级别越高
[HW]display　local-user	查看当前设备的本地用户名称

1. 网络拓扑结构

AAA 本地认证网络拓扑结构如图 1-1 所示。

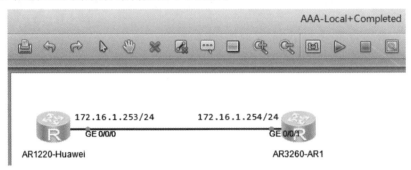

图 1-1　AAA 本地认证

2. 具体要求

（1）设置华为路由器 AR1 接口的 IP 地址和子网掩码；设置模拟终端的 IP 地址和子网掩码。

（2）在华为路由器 AR1 上创建用户 u1，密码为 Hello@312，并允许该用户以远程登录（telnet）方式访问 AR1；创建最高权限用户 u2，密码为 Healthy@666，并允许该用户以远程登录（telnet）方式访问 AR1。

（3）查看前面定义的用户。

（4）在 AR1220-Huawei 设备上分别用 u1 和 u2 的账户以 Telnet（远程终端协议）方式登录 AR1，比较这两个用户可用命令的异同点。

（5）进入虚拟终端的方式，允许同时打开 5 个会话，并设置虚拟终端认证模式为 AAA。

（6）保存上述配置信息，并退出。

3. 实现技术

第 1 步：设置华为路由器 AR1 接口的 IP 地址、子网掩码。

<Huawei>**undo terminal monitor**
<Huawei>**system-view**
[Huawei]**sysname　AR1**
[AR1]**interface　g0/0/1**
[AR1-GigabitEthernet0/0/1]**ip　address　172.16.1.254　24**
[AR1-GigabitEthernet0/0/1]**quit**
[AR1]**aaa　?**
　　abnormal-offline-record　　Abnormal-offline-record
　　offline-record　　　　　　　Offline-record

```
  online-fail-record        Online-fail-record
  <cr>                              Please press ENTER to execute command
```
查看当前路由器默认的AAA认证方案等。

[AR1]**aaa**

[AR1-aaa]**display   this**   (查看当前设备默认的AAA方案)

[V200R003C00]
```
#
aaa
 authentication-scheme    default①
 authorization-scheme default
 accounting-scheme default
 domain default
 domain    default    admin    ②
 local-user admin password cipher %$%$K8m.Nt84DZ}e#<0`8bmE3Uw}%$%$
 local-user admin service-type http
#
return
```

显示结果的①处，是默认的 AAA 认证方案（authentication-mode local）。显示结果的②处，是默认的管理员域，也就是通过 HTTP（超文本传输协议）、Telnet、FTP（文件传输协议）、SSH（安全外壳协议）等方式登录设备的用户所属的域。

第 2 步：在华为路由器 AR1 上创建用户 u1，密码为 Hello@312，要求密码以密文形式存储，并允许该用户以远程登录（telnet）方式访问 AR1。

[AR1]**aaa**   （进入AAA配置模式）

[AR1-aaa]**local-user ?**
```
  STRING<1-64>      User name, in form of 'user@domain'. Can use wildcard '*',
                    while displaying and modifying, such as *@isp,user@*,*@*.Can
                    not include invalid character / \ : * ? " < > | @ '
  wrong-password    Use wrong password to authenticate
```
[AR1-aaa]**local-user u1 ?**
```
  access-limit    Set access limit of user(s)
  ftp-directory   Set user(s) FTP directory permitted
  idle-timeout    Set the timeout period for terminal user(s)
  password          Set password
  privilege       Set admin user(s) level
  service-type    Service types for authorized user(s)
  state             Activate/Block the user(s)
```

    user-group   User group

[AR1-aaa]**local-user   u1   password   ?**

  cipher   User password with cipher text

[AR1-aaa]**local-user u1 password cipher   ?**

    STRING<1-32>/<32-56>   The UNENCRYPTED/ENCRYPTED password string

[AR1-aaa]**local-user u1 password cipher Hello@312**   （创建新用户 u1 并设置密码 Hello@312）

    Info: Add a new user.

[AR1-aaa]**local-user u1 service-type   ?**

    8021x   802.1x user

    bind   Bind authentication user

    ftp   FTP user

    http   Http user

    ppp   PPP user

    ssh   SSH user

    sslvpn   Sslvpn user

    telnet   Telnet   user

    terminal   Terminal user

    web   Web authentication user

    x25-pad   X25-pad user

[AR1-aaa]**local-user u1 service-type telnet**   （允许用户 u1 访问当前设备的服务类型为 telnet）

在当前路由器上创建本地用户 u2，要求访问的权限最高，设置密码为 Healthy@666，要求密码以密文形式存储，并允许该用户以远程登录方式（Telnet）访问该设备。

[AR1-aaa]**local-user   u2   privilege   ?**

level   Set admin user(s) level

[AR1-aaa]**local-user u2 privilege level   ?**   （查看 u2 可设置的权限级别帮助信息）

INTEGER<0-15>   Level value   （权限分为 16 等级，其中 0 最低，15 最高）

[AR1-aaa]**local-user u2 privilege level 15   ?**

access-limit   Set access limit of user(s)

ftp-directory   Set user(s) FTP directory permitted

idle-timeout   Set the timeout period for terminal user(s)

password   Set password

state   Activate/Block the user(s)

user-group   User group

<cr>   Please press ENTER to execute command

[AR1-aaa]**local-user u2 privilege level 15 password cipher Healthy@666**（创建本地用户 u2，其权限为 15 级，登录密码为 Healthy@666）

[AR1-aaa]

[AR1-aaa]**local-user   u2   service-type   telnet**

[AR1-aaa]**quit**

[AR1]**display local-user**   （查看当前设备的本地用户）

User-name	State	AuthMask	AdminLevel
u1	A	T	-
u2	A	T	15
admin	A	H	-

Total 3 user(s)

[AR1]

从结果可以看出，在当前设备（华为路由器）有 3 个用户，用户名分别为 u1、u2 和 admin，其中 u1、u2 是用上述命令创建的两个用户。该结果中，State 表示本地用户的状态，A 表示激活（Active）状态；AuthMask 表示本地用户的接入服务类型，T 表示 Telnet 服务，H 表示 HTTP 服务；AdminLevel 表示本地用户的权限级别，其有效取值范围是 0～15，数值越大，级别越高。

第 3 步：进入虚拟终端，允许同时打开 5 个会话，并设置虚拟终端认证模式为 AAA。

[AR1]**user-interface   ?**

INTEGER<0，129-149>   The first user terminal interface to be configured

console   Primary user terminal interface

current   The current user terminal interface

maximum-vty   The maximum number of VTY users，   the default value is 5

tty   The asynchronous serial user terminal interface

vty   The virtual user terminal interface

[AR1]**user-interface   vty   ?**

INTEGER<0-4，16-20>   The first user terminal interface to bc configured

[AR1]**user-interface   vty 0   ?**

INTEGER<1-4>   Specify a last user terminal interface number to be configured

<cr>   Please press ENTER to execute command

[AR1]**user-interface   vty   0   4**   （进入虚拟终端的方式，允许同时打开 5 个会话）

[AR1-ui-vty0-4]**authentication-mode   ?**

aaa   AAA authentication

password   Authentication through the password of a user terminal interface

[AR1-ui-vty0-4]**authentication-mode   aaa**   （设置虚拟终端认证模式为 AAA）

[AR1-ui-vty0-4]

第 4 步：测试前要先设置测试终端的 IP 地址和子网掩码，然后分别测试。

<Huawei>**system-view**

[Huawei]**interface   g0/0/0**

[Huawei -GigabitEthernet0/0/0]**ip   address   172.16.1.253   24**

[Huawei -GigabitEthernet0/0/0]**return**

测试一：以 u1 的身份远程登录（Telnet）华为路由器 AR1。

<Huawei>**telnet   172.16.1.254**

Press CTRL_] to quit telnet mode

Trying 172.16.1.254 ...

Connected to 172.16.1.254 ...

Login authentication

Username:**u1**

Password: （输入前面定义的用户 u1 的密码，系统不显示）

<AR1>?   （输入用户名 u1 和正确的密码之后，成功登录远程设备 AR1）

User view commands:

display   Display information

hwtacacs-user   HWTACACS user

local-user   Add/Delete/Set user（s）

ping   Ping function

quit   Exit from current mode and enter prior mode

save   Save file

super   Modify super password parameters

telnet   Open a telnet connection

tracert   <Group> tracert command group

从上面结果可以看出，普通用户 u1 可使用的命令只有 9 种，例如，用户 u1 可以使用 display 与 quit 命令，如下：

<AR1>**display   ?**

l2tp-group   PPP packet debugging functions

<AR1>**quit**

Configuration console exit，   please retry to log on

The connection was closed by the remote host

测试二：再以 u2 的身份远程登录（Telnet）右边路由器 AR1。

<Huawei>**telnet   172.16.1.254**

Press CTRL_] to quit telnet mode

Trying 172.16.1.254 ...

Connected to 172.16.1.254 ...

Login authentication

Username:**u2**

Password:

<AR1>?

User view commands:

arp-ping	ARP-ping
autosave	<Group> autosave command group
backup	Backup information
cd	Change current directory
clear	<Group> clear command group
clock	Specify the system clock
cls	Clear screen
compare	Compare configuration file
copy	Copy from one file to another
debugging	<Group> debugging command group
delete	Delete a file
dialer	Dialer
dir	List files on a filesystem
display	Display information
factory-configuration	Factory configuration
fixdisk	Try to restory disk
format	Format file system
free	Release a user terminal interface
ftp	Establish an FTP connection
help	Description of the interactive help system
hwtacacs-user	HWTACACS user
license	<Group> license command group
lldp	Link Layer Discovery Protocol
local-user	Add/Delete/Set user（s）
lock	Lock the current user terminal interface
mkdir	Create a new directory
more	Display the contents of a file
move	Move from one file to another

mpls	MPLS parameters
mtrace	Trace route to multicast source
pad	Establish one PAD connection
patch	Patch operation
ping	<Group> ping command group
power	Power on or off operate
pwd	Display current working directory
quit	Exit from current mode and enter prior mode
reboot	Reboot system
refresh	Do soft reset
rename	Rename a file or directory
reset	<Group> reset command group
resource	System resources（mem，message，cpu）
return	Enter the privileged mode
rmdir	Remove an existing directory
rollback	Active/standby mainboard rollback command
save	<Group> save command group
schedule	Schedule system task
screen-length	Set the number of lines displayed on a screen
send	Send information to other user terminal interfaces
set	<Group> set command group
sslvpn	Sslvpn
startup	Config parameter for system to startup
super	Modify super password parameters
system-view	SystemView from terminal
telnet	Open a telnet connection
terminal	Set the terminal line characteristics
test-aaa	Accounts test
tftp	Establish a TFTP connection
tracert	<Group> tracert command group
undelete	Restore deleted files or directory
undo	Negate a command or set its defaults
unzip	Unzip files or directory
upgrade	Upgrade
xdsl	Display board temperature
zip	Zip files or directory

<AR1>

从结果可以看出，以 u2 身份登录远程网络设备，通过输入?查询能够使用的命令，发现 u2 可使用的命令有 64 种，比 u1 多出了 55 种。说明前面定义的用户 u2 权限较高。

第 5 步：查看本地用户 u1 和 u2 状态、允许访问的服务类型、特权级别等详细信息。

<AR1>**display local-user username u1**   （查看本地用户 u1 的详细信息）

The contents of local user（s）：

Password   : ****************

State   : active

Service-type-mask : T

Privilege level   : -

Ftp-directory   : -

Access-limit   : -

Accessed-num   : 0

Idle-timeout   : -

User-group   : -

<AR1>

<AR1>**display local-user username u2**   （查看本地用户 u2 的详细信息）

The contents of local user（s）：

Password   : ****************

State   : active

Service-type-mask : T

Privilege level   : 15

Ftp-directory   : -

Access-limit   : -

Accessed-num   : 0

Idle-timeout   : -

User-group   : -

<AR1>

第 6 步：保存退出。

<AR1>**save**

1.2 RADIUS 协议及其配置技术

RADIUS（Remote Authentication Dial-In User Service）中文含义是远程认证拨号用户服务，它是一种分布式的、基于客户端/服务器（C/S）结构的信息交互协议，能保护网络不受未授权访问的干扰，常被应用在既要求较高安全性，又要求维持远程用户访问的各种网络环境中。RADIUS 服务包括三个组成部分：

（1）协议：RFC 2865 和 RFC 2866 基于 UDP/IP 层定义了 RADIUS 帧格式及其消息传输机制，并定义了 1812 作为认证端口，1813 作为计费端口。

（2）服务器：RADIUS 服务器运行在中心计算机或工作站上，包含了相关的用户认证和网络服务访问信息。

（3）客户端：位于拨号访问服务器设备侧，可以遍布整个网络。

下面介绍使用 RADIUS 协议来实现 AAA 的具体实践。先了解在华为设备上进行 RADIUS 认证的具体配置命令格式，如表 1-2 所示。

表 1-2 华为设备 RADIUS 配置命令及其功能

命令	功能
aaa	进入 AAA 配置模式
authentication-scheme <name1>	配置 AAA 认证方案名为<name1>
authentication-mode radius	配置 AAA 认证模式为 RADIUS 认证模式
authentication-mode radius local	配置 AAA 认证模式为先 RADIUS，如无响应则本地认证
accounting-scheme <name2>	配置 AAA 计费方案名为<name2>
accounting-mode radius	配置 AAA 计费模式为 RADIUS 服务器计费
radius-server template <name3>	配置 RADUIS 模板名为<name3>
radius-server authentication <IP 地址> <端口>	配置主 RADIUS 认证服务 IP 地址和端口
radius-server authentication <IP 地址> <端口> secondary	配置备用 RADIUS 认证服务 IP 地址和端口
radius-server accounting <IP 地址> <端口>	配置主 RADIUS 计费服务 IP 地址和端口
radius-server accounting <IP 地址> <端口> secondary	配置备用 RADIUS 计费服务 IP 地址和端口
radius-server shared-key <cipher|simple> <key>	配置设备与 RADIUS 通信的共享密钥为密文或明文<key>
radius-server retransmit <number> timeout <seconds>	配置设备向 RADIUS 服务器发送请求报文的超时重传次数为<number>，间隔为<seconds>秒
domain <name4>	配置 AAA 域名为<name4>
authentication-scheme <name1>	在域中绑定名为<name1>的 AAA 认证方案
accounting-scheme <name2>	在域中绑定名为<name2>的 AAA 计费方案
radius-server <name3>	在域中绑定名为<name3>的 RADIUS 模板

1. 网络拓扑结构

网络拓扑结构如图 1-2 所示。

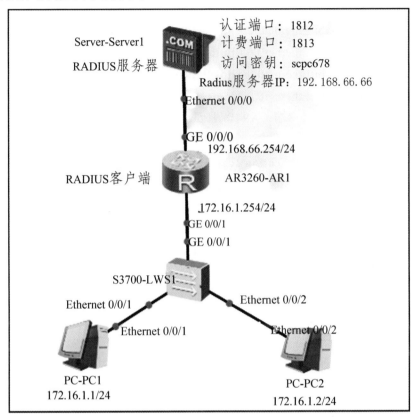

图 1-2　网络拓扑结构

2. 具体要求

（1）设置 RADIUS 客户端（AR1）的各接口 IP 地址、子网掩码，如图 1-2 所示。

（2）在 RADIUS 客户端（AR1）上创建 AAA 认证方案。

（3）在 RADIUS 客户端（AR1）上配置 RADIUS 服务器模板。

（4）在 RADIUS 客户端（AR1）的默认管理员域（default_admin）中配置 RADIUS 服务器模板。

（5）配置 RADIUS 客户端（AR1）与 Radius 服务器通信的共享密钥为 scpc678。

3. RADIUS 客户端实现技术

第 1 步：设置 RADIUS 客户端的各接口 IP 地址和子网掩码。

<Huawei>**undo　terminal　monitor**

Info: Current terminal monitor is off.

<Huawei>**system-view**

Enter system view， return user view with Ctrl+Z.

[Huawei]**sysname Radius_Client**

[Radius_Client]**interface g0/0/0**

[Radius_Client-GigabitEthernet0/0/0]**ip address 192.168.66.254 24**

[Radius_Client-GigabitEthernet0/0/0]**interface g0/0/1**

[Radius_Client-GigabitEthernet0/0/1]**ip address 172.16.1.254 24**

[Radius_Client-GigabitEthernet0/0/1]**quit**

第 2 步：在 RADIUS 客户端（AR1）上创建 AAA 认证方案。

[Radius_Client]**aaa**

[Radius_Client-aaa]**authentication-scheme ?**

STRING<1-32> Scheme name，can not include invalid character \ / : < > | @ ' %
　　　　　　 * " ?

[Radius_Client-aaa]**authentication-scheme default**（配置 AAA 认证方案名为 default）

[Radius_Client-aaa-authen-default]**authentication-mode ?**

hwtacacs HWTACACS

local   Local

none   None

radius   RADIUS

[Radius_Client-aaa-authen-default]**authentication-mode radius** （配置 AAA 认证模式
为 RADIUS 认证模式）

[Radius_Client-aaa-authen-default]

第 3 步：在 RADIUS 客户端（AR1）上配置 RADIUS 服务器模板，取名为 **newAuthModel**。

[Radius_Client]**radius-server template ?**

STRING<1-32> RADIUS server template's name

[Radius_Client]**radius-server template newAuthModel** （配置 RADIUS 服务器模
板，取名为 newAuthModel）

Info: Create a new server template.

[Radius_Client-radius-newAuthModel]**radius-server ?** （显示认证模板支持的命令
信息）

accounting   Configure accounting server

accounting-stop-packet Configure the resending value of accounting-stop-packet

attribute   Configure the function of attribute translation

authentication   Configure authentication server

dead-time   Configure dead time

detect-server   Detect-server

nas-port-format   Configure NAS-Port format

nas-port-id-format   Configure NAS-Port-Id format

retransmit   Configure server retransmission

shared-key   Configure server shared-key

testuser   Testuser

timeout   Configure server timeout

traffic-unit   Configure the octets of format

user-name   Configure the format of username

[Radius_Client-radius-newAuthModel]**radius-server authentication ?**

IP_ADDR<X.X.X.X>   IP address of the server

x:x::x:x<X:X::X:X>   IPv6 address of the server

[Radius_Client-radius-newAuthModel]**radius-server authentication 192.168.66.66 ?**

INTEGER<1-65535>   Port of the server

[Radius_Client-radius-newAuthModel]**radius-server authentication 192.168.66.66 1812**
（在 RADIUS 客户端设置认证服务器的 IP 地址和认证端口）

[Radius_Client-radius-newAuthModel]**radius-server accounting 192.168.66.66 1813**
（在 RADIUS 客户端设置计费服务器的 IP 地址和计费端口）

[Radius_Client-radius-newAuthModel]**radius-server shared-key cipher scpc678**
（配置设备与 Radius 服务器通信的共享密钥为 scpc678）

[Radius_Client-radius-newAuthModel]**radius-server retransmit 2 timeout 6**
（配置设备向 Radius 服务器发送请求报文的超时重传次数为 2，间隔为 6 s）

[Radius_Client-radius-newAuthModel]

值得说明的是，上面配置中的认证服务器的 IP 地址、认证端口、计费端口和 RADIUS 认证共享密钥，都要与 RADIUS 服务器上设置的相同。

第 4 步：通过 HTTP、Telnet、FTP、SSH 等方式登录服务器的用户，需要进入默认管理员域（default_admin）修改该域中的相关参数，需要在 RADIUS 客户端（AR1）的默认管理员域中配置 RADIUS 服务器模板。

[Radius_Client]**aaa**

[Radius_Client-aaa]**domain default_admin**   （进入默认管理员域视图）

[Radius_Client-aaa-domain-default_admin]**radius-server newAuthModel**
（使用前面定义的 RADIUS 服务器模板 newAuthModel）

[Radius_Client-aaa-domain-default_admin] **authentication-scheme default**
（在域中绑定 AAA 认证方案）

RADIUS 服务器端的配置结果如拓扑结构所示，具体参考 RADIUS 服务器软件的说明书，这里不再赘述。

1.3 基于 AAA+HWTACACS 的认证、授权、计费技术

TACACS（Terminal Access Controller Access-Control System）的中文含义是终端访问控制器访问控制系统，是一种用于认证的计算机协议，在 UNIX 网络中与认证服务器进行通信，TACACS 允许远程访问服务器与认证服务器通信，以决定用户是否有权限访问网络。HWTACACS（Huawei Terminal Access Controller Access Control System）协议是华为对 TACACS 进行了扩展的协议，是在 TACACS（RFC1492）基础上进行了功能增强的一种安全协议。该协议与 RADIUS 协议类似，主要是通过"客户端/服务器"模式与HWTACACS 服务器通信来实现多种用户的 AAA 功能。HWTACACS 与 RADIUS 的主要区别在于：

第一，HWTACACS 基于 TCP 协议，而 RADIUS 基于 UDP 协议。

第二，HWTACACS 的认证（authentication）和授权（authorization）是分开的，RADIUS 的认证和授权是绑定在一起的。

第三，HWTACACS 可以对整个报文进行加密，而 RADIUS 只对用户的密码进行加密。

华为设备 HWTACACS 配置命令及其功能如表 1-3 所示。

表 1-3　华为设备 HWTACACS 配置命令及其功能

命令	功能
aaa	进入 AAA 配置模式
authentication-scheme　<name1>	配置 AAA 认证方案名为<name1>
authentication-mode hwtacacs　local	配置 AAA 认证模式为先 HWTACACS，如无响应则本地认证
authentication-super　hwtacacs　super	接入用户进行提权时，先进行 HWTACACS 认证，如无响应再本地认证
authorization-scheme　<authname>	配置 AAA 授权方案名为<authname>
authorization-mode　hwtacacs　local	配置 AAA 授权模式为先 HWTACACS，如无响应则本地授权
accounting-scheme　<name2>	配置 AAA 计费方案名为<name2>
accounting-mode　hwtacacs	配置 AAA 计费模式为 HWTACACS 服务器计费
accounting start-fail offline	配置当开始计费失败时，将用户离线
accounting realtime　<number>	配置对用户进行实时计费，计费间隔为<number>分钟，number 取值范围 0～65535
hwtacacs-server template　<name3>	配置 HWTACACS 模板名为<name3>
hwtacacs-server authentication <IP 地址><端口>	配置主 HWTACACS 认证服务 IP 地址和端口
hwtacacs-server authentication <IP 地址><端口> secondary	配置备用 HWTACACS 认证服务 IP 地址和端口

命令	功能
hwtacacs-server authorization <IP 地址> <端口>	配置主 HWTACACS 授权服务 IP 地址和端口
hwtacacs-server authorization <IP 地址> <端口> secondary	配置备用 HWTACACS 授权服务 IP 地址和端口
hwtacacs-server accounting　<IP 地址> <端口>	配置主 HWTACACS 计费服务 IP 地址和端口
hwtacacs-server accounting <IP 地址> <端口> secondary	配置备用 HWTACACS 计费服务 IP 地址和端口
hwtacacs-server　shared-key　<cipher|simple> <key>	配置设备与 HWTACACS 服务器通信的共享密钥为密文或明文<key>
hwtacacs-server　timer　response-timeout <seconds>	配置 HWTACACS 应答超时时间为<seconds>秒，其取值范围是 1~300 s
domain　　<name4>	配置 AAA 域名为<name4>
authentication-scheme　<name1>	在域中绑定名为<name1>的 AAA 认证方案
authorization-scheme　<authname>	在域中绑定名为<authname>的 AAA 授权方案
accounting-scheme　<name2>	在域中绑定名为<name2>的 AAA 计费方案
hwtacacs-server　<name3>	在域中绑定名为<name3>的 HWTACACS 模板

1. 网络拓扑结构

网络拓扑结构图如图 1-3 所示。

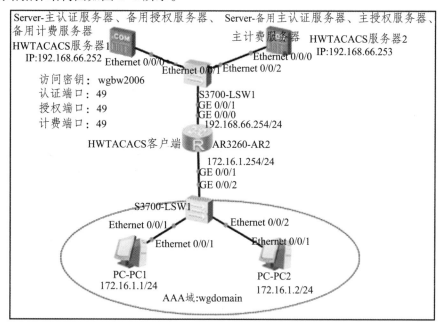

图 1-3　网络拓扑结构图

2. 具体要求

（1）设置 HWTACACS 客户端（AR2）的各接口 IP 地址、子网掩码。

（2）在 HWTACACS 客户端（AR2）上创建 AAA 认证方案。

（3）在 HWTACACS 客户端（AR2）上创建 AAA 授权方案。

（4）在 HWTACACS 客户端（AR1）上创建 AAA 计费方案。

（5）在 HWTACACS 客户端（AR2）上配置 HWTACACS 模板，其中与 HWTACACS 服务器通信的共享密钥密文为 wgbw2006。

（6）在 HWTACACS 客户端（AR2）的配置 AAA 域（wgdomain）中绑定 AAA 认证方案、授权方案、计费方案和 HWTACACS 模板。

（7）查看 HWTACACS 模板和 AAA 域中的信息。

3. HWTACACS 客户端实现技术

第 1 步：设置 HWTACACS 客户端的各接口 IP 地址和子网掩码。

<Huawei>**undo   terminal   monitor**

Info: Current terminal monitor is off.

<Huawei>**system-view**

Enter system view，   return user view with Ctrl+Z.

[Huawei]**sysname   HWTACACS_Client**

[HWTACACS-Client]**interface g0/0/0**

[HWTACACS-Client-GigabitEthernet0/0/0]**ip address 192.168.66.254   24**

[HWTACACS-Client-GigabitEthernet0/0/0]**interface   g0/0/1**

[HWTACACS-Client-GigabitEthernet0/0/1]**ip address 172.16.1.254   24**

[HWTACACS-Client-GigabitEthernet0/0/1] **quit**

第 2 步：在 HWTACACS 客户端上创建 AAA 认证方案。

[HWTACACS-Client]**aaa**

[HWTACACS-Client-aaa]**authentication-scheme renzheng**   （配置 HWTACACS 协议的 AAA 认证方案名为 renzheng）

Info: Create a new authentication scheme.

[HWTACACS-Client-aaa-authen-renzheng]**authentication-mode   ?**

hwtacacs   HWTACACS

local   Local

none   None

radius   RADIUS

[HWTACACS-Client-aaa-authen-renzheng]**authentication-mode   hwtacacs   ?**

local   Local

none   None

radius   RADIUS

<cr>　　Please press ENTER to execute command

[HWTACACS-Client-aaa-authen-renzheng]**authentication-mode hwtacacs　local**
　　　　　　　（配置 AAA 认证模式为先 HWTACACS，如无响应则本地认证）

[HWTACACS-Client-aaa-authen-renzheng]**authentication-super　?**

hwtacacs　　HWTACACS

none　　　　None

super　　　Super

[HWTACACS-Client-aaa-authen-renzheng]**authentication-super hwtacacs　?**

none　　None

super　　Super

<cr>　　Please press ENTER to execute command

[HWTACACS-Client-aaa-authen-renzheng]**authentication-super hwtacacs　super**

[HWTACACS-Client-aaa-authen-renzheng]**quit**

[HWTACACS-Client-aaa]**quit**

第 3 步：在 HWTACACS 客户端上创建 AAA 授权方案。

[HWTACACS-Client]**aaa**

[HWTACACS-Client-aaa]**authorization-scheme shouquan**　（配置 HWTACACS 协议的 AAA 授权方案名为 shouquan）

Info: Create a new authorization scheme.

[HWTACACS-Client-aaa-author-shouquan]**authorization-mode　?**

hwtacacs　　　　　Use HWTACACS authorization method

if-authenticated　　Use authorization method which lets user(s) authorized if
　　　　　　　　　　user(s) not authenticated by none authentication method

local　　　　　　　Use local authorization method

none　　　　　　　Use none authorization method

[HWTACACS-Client-aaa-author-shouquan]**authorization-mode hwtacacs　?**

if-authenticated　　Use authorization method which lets user(s) authorized if
　　　　　　　　　　user(s) not authenticated by none authentication method

local　　　　　　　Use local authorization method

none　　　　　　　Use none authorization method

<cr>　　　　　　　Please press ENTER to execute command

[HWTACACS-Client-aaa-author-shouquan]**authorization-mode hwtacacs local**　（配置 AAA 授权模式为先 HWTACACS，如无响应则本地授权）

[HWTACACS-Client-aaa-author-shouquan]quit

第 4 步：在 HWTACACS 客户端上创建 AAA 计费方案。

[HWTACACS-Client-aaa]**accounting-scheme　jifei**　（配置 HWTACACS 协议的 AAA 计费方案名为 jifei）

Info: Create a new accounting scheme.

[HWTACACS-Client-aaa-accounting-jifei]**accounting-mode ?**

hwtacacs   HWTACACS

none   None

radius   RADIUS

[HWTACACS-Client-aaa-accounting-jifei]**accounting-mode hwtacacs**

[HWTACACS-Client-aaa-accounting-jifei]**accounting   ?**

interim-fail   Remote realtime accounting fail policy

realtime   Interim accounting

start-fail   Remote start accounting fail policy

[HWTACACS-Client-aaa-accounting-jifei]**accounting   start-fail   ?**

offline   Offline

online   Online

[HWTACACS-Client-aaa-accounting-jifei]**accounting start-fail   offline**   （配置当开始计费失败时，将用户离线）

[HWTACACS-Client-aaa-accounting-jifei]**accounting   realtime   ?**

INTEGER<0-65535>   Accounting interval <minute>

[HWTACACS-Client-aaa-accounting-jifei]**accounting realtime   6**   （配置对用户进行实时计费，计费间隔为 6 分钟）

[HWTACACS-Client-aaa-accounting-jifei]**quit**

[HWTACACS-Client-aaa]**quit**

[HWTACACS-Client]

第 5 步：在 HWTACACS 客户端上配置 HWTACACS 模板。

[HWTACACS-Client]**hwtacacs-server template wgtemplate**   （设置 HWTACACS 模板名为 wgtemplate）

[HWTACACS-Client-hwtacacs-wgtemplate]**hwtacacs-server ?**

accounting   Set HWTACACS accounting server

authentication   Set HWTACACS authentication server

authorization   Set HWTACACS authorization server

shared-key   Shared key for HWTACACS-server template

source-ip   Set HWTACACS server source IP address

source-ipv6   Set HWTACACS server source IP address

timer   Set timer for HWTACACS

traffic-unit   Set octet format

user-name   Set whether include domain in username

[HWTACACS-Client-hwtacacs-wgtemplate]**hwtacacs-server authentication 192.168.66.252 49**

[HWTACACS-Client-hwtacacs-wgtemplate]**hwtacacs-server authentication 192.168.66.253 49 ?**

public-net   Connect in Public Network

secondary   Set server for secondary

vpn-instance Set VPN instance

<cr>   Please press ENTER to execute command

[HWTACACS-Client-hwtacacs-wgtemplate]**hwtacacs-server authentication 192.168. 66. 253 49 secondary**

[HWTACACS-Client-hwtacacs-wgtemplate]**hwtacacs-server authorization 192.168.66. 253 49**

[HWTACACS-Client-hwtacacs-wgtemplate]**hwtacacs-server authorization 192.168.66. 252 49 secondary**

[HWTACACS-Client-hwtacacs-wgtemplate]**hwtacacs-server accounting 192.168.66. 253 49**

[HWTACACS-Client-hwtacacs-wgtemplate]**hwtacacs-server accounting 192.168.66. 252 49 secondary**

[HWTACACS-Client-hwtacacs-wgtemplate]**hwtacacs-server shared-key ?**

STRING<1-96>/<20-152>　The shared key string in plain/cipher text

cipher　　　　　　　　Display the current shared key with cipher text

simple　　　　　　　　Display the current shared key with simple text

[HWTACACS-Client-hwtacacs-wgtemplate]**hwtacacs-server shared-key cipher ?**

STRING<1-96>/<20-152>　The shared key string in plain/cipher text

[HWTACACS-Client-hwtacacs-wgtemplate]**hwtacacs-server shared-key cipher wgbw2006**

（配置设备与 hwtacacs 服务器通信的共享密钥为密文 wgbw2006）

[HWTACACS-Client-hwtacacs-wgtemplate]**hwtacacs-server timer response-timeout 60**

（配置 HWTACACS 应答超时时间为 60 秒）

第 6 步：在 AAA 用户域绑定要使用的 AAA 认证、AAA 授权、AAA 计费和 HWTACACS 模板。

[HWTACACS-Client]**aaa**

[HWTACACS-Client-aaa]**domain wgdomain**　　（配置 AAA 域取名为 wgdomain）

Info: Success to create a new domain.

[HWTACACS-Client-aaa-domain-wgdomain]**authentication-scheme renzheng**　（在域 wgdomain 中绑定 AAA 认证方案）

[HWTACACS-Client-aaa-domain-wgdomain]**authorization-scheme shouquan**　（在域 wgdomain 中绑定 AAA 授权方案）

[HWTACACS-Client-aaa-domain-wgdomain]**accounting-scheme jifei**（在域 wgdomain 中绑定 AAA 计费方案）

[HWTACACS-Client-aaa-domain-wgdomain]**hwtacacs-server wgtemplate**（在域 wgdomain 中绑定 hwtacacs 模板 wgtemplate）

[HWTACACS-Client-aaa-domain-wgdomain]**quit**

[HWTACACS-Client-aaa]**quit**

第 7 步：查看配置的 HWTACACS 模板信息是否与要求一致。

[HWTACACS-Client]**display hwtacacs-server ?**

accounting-stop-packet　HWTACACS stop accounting packet information

template　　　　　　　　HWTACACS server information

```
[HWTACACS-Client]display hwtacacs-server   template ?
STRING<1-32>   Template name
|                    Matching output
<cr>                 Please press ENTER to execute command
[HWTACACS-Client]display hwtacacs-server   template   wgtemplate
-------------------------------------------------------------------------
HWTACACS-server template name     : wgtemplate
Primary-authentication-server     : 192.168.66.252:49:-
Primary-authorization-server      : 192.168.66.253:49:-
Primary-accounting-server          : 192.168.66.253:49:-
Secondary-authentication-server    : 192.168.66.253:49:-
Secondary-authorization-server    : 192.168.66.252:49:-
Secondary-accounting-server        : 192.168.66.252:49:-
Current-authentication-server      : 192.168.66.252:49:-
Current-authorization-server       : 192.168.66.253:49:-
Current-accounting-server          : 192.168.66.253:49:-
Source-IP-address                  : 0.0.0.0
Source-IPv6-address                : ::
Shared-key                         : ***************
Quiet-interval（min）               : 5
Response-timeout-Interval（sec）    : 60
Domain-included                    : Yes
Traffic-unit                       : B
-------------------------------------------------------------------------
```

第 7 步：查看配置的 AAA 用户域信息是否与要求一致。

```
[HWTACACS-Client]display domain name wgdomain
Domain-name                   : wgdomain
Domain-state                  : Active
Authentication-scheme-name    : renzheng
Accounting-scheme-name        : jifei
Authorization-scheme-name     : shouquan
Service-scheme-name           : -
RADIUS-server-template        : -
HWTACACS-server-template      : wgtemplate
User-group                    : -
```
从显示的结果来看，符合网络规划配置要求。

2.1 基于单一密钥的 BGP 认证技术

BGP（Border Gateway Protocol）属于外部网关协议（Exterior Gateway Protocol，EGP），它是一种运行在自治系统（Autonomous System，AS）之间的动态路由协议。BGP4 具有以下几个特征：

（1）BGP4 网关向对等实体（Peer）发布可以到达的 AS 列表。

（2）BGP4 网关采用逐跳路由（hop-by-hop）模式发布自己使用的路由信息。

（3）BGP4 可以通过路由汇聚功能形成超级网络。

（4）BGP4 报文直接封装在 TCP（传输控制协议）数据报中传送。

BGP 具有强大的路径选择能力，能够管理超大型网络。网络工程中路由的稳定性和安全性尤为重要，在没有配置 BGP 认证功能的多个自治系统构成的网络中，存在很大的网络风险。本节将介绍基于单一密钥的 BGP 认证技术，即使用一个固定的密钥进行 BGP 认证。下面首先介绍这些技术需要用到的有关命令，如表 2-1 所示。

表 2-1 BGP 单一密钥认证中常见命令及其功能

命令	功能
bgp　<自治系统编号>	进入 BGP 配置模式，<自治系统编号> 的取值范围是 1 ~ 4 294 967 295
router-id　<路由器 ID>	配置当前路由器的 ID
peer　<其他对等体的 IP>　as-number　<其他对等体的自治系统编号>	声明与其他对等体建立邻居关系
peer　<对等体 IP>　password　simple　<密钥>	当前设备与对等体使用明文密钥建立邻居关系
peer　<对等体 IP>　password　cipher　<密钥>	当前设备与对等体使用密文密钥建立邻居关系
ipv4-family　unicast	进入 IPv4 地址池视图
import-route　rip　<进程号>	引入 RIP 路由协议的路由信息
display　bgp　peer	查看 BGP 邻居关系
display　this	查看 BGP 认证配置信息
display　bgp　routing-table	查看 BGP 路由表

1. 拓扑结构

网络拓扑结构如图 2-1 所示。

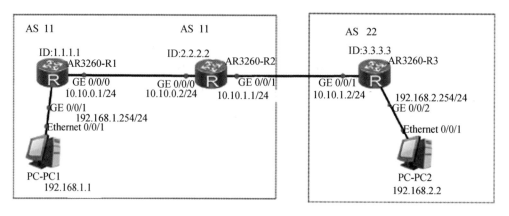

图 2-1　BGP 单一密钥认证拓扑结构

2. 具体要求

（1）在路由设备 R1-R3 中，设置路由器各接口的 IP 地址，如图 2-1 所示。

（2）在自治系统 11 和自治系统 22 内，用 RIPv2 建立内部路由关系。

（3）R1 和 R2 路由器之间建立 IBGP 邻居关系，R2 和 R3 路由器之间建立 EBGP 邻居关系。其中 R1、R2 和 PC1 在自治系统 11 中，R3 和 PC2 在自治系统 22 中。

（4）查看 R2 路由器邻居关系表。

（5）在 R1 与 R2 之间配置认证，用明文密钥：scjcxygym；在 R2 与 R3 之间的配置认证，用密文密钥：scjcxygym。

（6）在边界路由器 R2 和 R3 中引入 rip 路由协议的路由信息。

（7）测试 PC1 和 PC2 的连通性。

（8）配置正确后，保存配置信息。

3. 配置技术

第 1 步：设置路由器接口 IP 地址和配置自治系统内部的动态路由 RIPv2。

R1:

<Huawei>**undo terminal monitor**

<Huawei>**system-view**

[Huawei]**sysname　R1**

[R1]**interface　g0/0/0**

[R1-GigabitEthernet0/0/0]**ip　address　10.10.0.1　24**

[R1-GigabitEthernet0/0/0]**quit**

[R1]**interface　g0/0/1**

[R1-GigabitEthernet0/0/1]**ip   address   192.168.1.254   24**

[R1-GigabitEthernet0/0/1]**quit**

[R1]**rip**

[R1-rip-1]**network   10.0.0.0**

[R1-rip-1]**network   192.168.1.0**

[R1-rip-1]**version   2**

[R1-rip-1]**quit**

R2:

<Huawei>**undo terminal monitor**

<Huawei>**system-view**

[Huawei]**sysname   R2**

[R2]**interface   g0/0/0**

[R2-GigabitEthernet0/0/0]**ip address 10.10.1.1   24**

[R2]**interface   g0/0/1**

[R2-GigabitEthernet0/0/1]**ip address 10.10.0.2   24**

[R2-GigabitEthernet0/0/1]**quit**

[R2]**rip**

[R2-rip-1]**network   10.0.0.0**

[R2-rip-1]**version   2**

[R2-rip-1]**quit**

R3:

<Huawei>**undo terminal monitor**

<Huawei>**system-view**

[Huawei]**sysname   R3**

[R3]**interface   g0/0/1**

[R3-GigabitEthernet0/0/1]**ip address 10.10.1.2   24**

[R3]**interface   g0/0/2**

[R3-GigabitEthernet0/0/2]**ip address   192.168.2.254   24**

[R3-GigabitEthernet0/0/2]**quit**

[R3]**rip**

[R3-rip-1]**network   192.168.2.0**

[R3-rip-1]**version   2**

[R3-rip-1]**quit**

第 2 步：用 peer 命令与对等体建立邻居关系、设置路由器 ID 等。

[R1]**bgp   ?**

INTEGER<1-4294967295>   AS number in asplain format （number<1-4294967295>）

STRING<3-11>   AS number in asdot format

                                      (number<1-65535>.number<0-65535>)

[R1]**bgp 11**

[R1-bgp]**router-id 1.1.1.1**

[R1-bgp]**peer 10.10.0.2 ?**

advertise-community   Send community attribute to this peer

advertise-ext-community   Advertise extended community

allow-as-loop   Configure permit of as-path loop

as-number   AS number

as-path-filter   Routes matching certain AS path filter

bfd   Bidirectional forwarding detection

capability-advertise   Advertise capability

connect-interface   Set interface name to be used as session's output

                                      interface

default-route-advertise   Advertise default route to this peer

description   Configure description information about peer

discard-ext-community   Discard extended community

ebgp-max-hop   EBGP Multihop

enable   Enable peer

fake-as   Configure a fake AS number for the peer

filter-policy   BGP filter list

group   Specify a peer-group

ignore   Suspend the peer session for this peer

ip-prefix   IP prefix filter

keep-all-routes   Keep all original route's information from the peer

keychain   Keychain authentication

label-route-capability   Send labeled route to this peer

listen-only   Only listen to connect request， not initiate connect

log-change   Log any session status and event change information

next-hop-invariable   Send original next hop for routes advertised to the

                                      peer

next-hop-local   Specify local address as the next hop of routes

                                      advertised to the peer

out-delay

password   Peer password

path-mtu   Path MTU

preferred-value	Set route PrefVal to this peer
public-as-only	Remove private AS number from outbound updates
reflect-client	Configure a peer as a route reflector client
route-limit	Number of routes limited from this peer
route-policy	Apply routing policy
route-update-interval	Route update interval
timer	Configure timers for a peer session
tracking	Fast detect the unreachable destined for the peer and reset the session
valid-ttl-hops	Generalized TTL Security Mechanism hops

[R1-bgp]**peer 10.10.0.2   as-number   11**

[R1-bgp]**quit**

[R1]

[R2]**bgp   11**

[R2-bgp]**router-id 2.2.2.2**

[R2-bgp]**peer   10.10.1.2   as-number 22**

[R2-bgp]**peer   10.10.0.1   as-number 11**

[R3]**bgp   22**

[R3-bgp]**router-id   3.3.3.3**

[R3-bgp]**peer   10.10.1.1   as-number 11**

<R2>**display bgp peer**

BGP local router ID : 2.2.2.2

Local AS number : 11

Total number of peers : 2   Peers in established state : 2

Peer	V	AS	MsgRcvd	MsgSent	OutQ	Up/Down	State	Pre
fRcv 10.10.0.1	4	11	3	5	0	00:01:59	Established	0
10.10.1.2	4	22	4	5	0	00:02:03	Established	0

第 3 步：配置认证。

[R1]**bgp   11**

[R1-bgp]**peer   10.10.0.2   password   ?**

   cipher   Password with encrypted text

   simple   Password with simple text

[R1-bgp]**peer   10.10.0.2   password   simple   ?**

   STRING<1-255>   Plain text

[R1-bgp]**peer   10.10.0.2   password   simple   scjcxygym**

[R2]**bgp   11**

[R2-bgp]**peer 10.10.0.1 password simple scjcxygym**

[R2-bgp]**peer 10.10.1.2 password cipher scjcxygym**

[R2-bgp]

[R3]**bgp 22**

[R3-bgp]**peer 10.10.1.1 password cipher scjcxygym**

[R3-bgp]

第4步：查看BGP认证配置信息和查看当前路由器与对等实体是否建立了邻居关系。

[R2-bgp]**display this**　　　　　　　　　　　　　　　（查看BGP认证配置信息）

[V200R003C00]

\#

bgp 11

router-id 2.2.2.2

peer 10.10.0.1 as-number 11

peer 10.10.0.1 password simple   scjcxygym

peer 10.10.1.2 as-number 22

peer 10.10.1.2 password cipher %\$%\$q5a!-C2}j<f4-5#=e ~ L0`F|X%\$%\$

\#

ipv4-family unicast

undo synchronization

peer 10.10.0.1 enable

peer 10.10.1.2 enable

\#

return

[R2-bgp]**quit**

[R2]**display bgp peer**　　　　　（查看当前路由器与对等实体是否建立了邻居关系）

BGP local router ID : 2.2.2.2

Local AS number : 11

Total number of peers : 2　　　　　Peers in established state : 2

Peer	V	AS	MsgRcvd	MsgSent	OutQ	Up/Down	State Pre fRcv
10.10.0.1	4	11	23	23	0	00:21:09 **Established**	0
10.10.1.2	4	22	18	20	0	00:16:40 **Established**	0

<R2>

从上面下划线的结果可以看出，R2和R3已经建立起了BGP边界对等路由器关系。

第5步：在边界路由器R2和R3中引入rip路由协议的路由信息。

[R2]**bgp 11**

[R2-bgp]**ipv4-family　unicast**　　　　　　（进入 IPv4 地址池视图）

[R2-bgp]**import-route　rip　1**　　　　　　（引入 RIP 路由协议的路由信息）

[R3]**bgp　22**

[R3-bgp]**ipv4-family　unicast**　　　　　　（进入 IPv4 地址池视图）

[R3-bgp]**import-route　rip　1**　　　　　　（引入 RIP 路由协议的路由信息）

第 6 步：测试 PC1 与 PC2 的连通性。其中 PC2 的 IP 地址为 192.168.2.2，如图 2-2 所示，从结果可以看出，PC1 与 PC2 能正常通信。

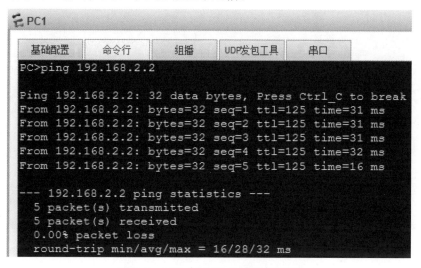

图 2-2　PC1 与 PC2 的连通性测试

第 7 步：查看边界路由器 R2 和 R3 的 bgp 路由表信息，如图 2-3 和图 2-4 所示。

```
<R2>display bgp routing-table

BGP Local router ID is 2.2.2.2
Status codes: * - valid, > - best, d - damped,
              h - history, i - internal, s - suppressed,
              Origin : i - IGP, e - EGP, ? - incomplete


Total Number of Routes: 8
     Network            NextHop          MED          LocPrf

 *>   10.10.0.0/24       0.0.0.0          0
 *>   10.10.0.2/32       0.0.0.0          0
 *>   10.10.1.0/24       0.0.0.0          0
 *>   10.10.1.1/32       0.0.0.0          0
 *>   127.0.0.0          0.0.0.0          0
 *>   127.0.0.1/32       0.0.0.0          0
 *>   192.168.1.0        0.0.0.0          1
 *>   192.168.2.0        10.10.1.2        0
```

图 2-3　边界路由器 R2 的 bgp 路由表信息

从 R2 的 BGP 路由表（图 2-3）中可以看出，R2 学习到了 AS22 中的 192.168.2.0 的路由信息，度量值（MED）是 0；下一跳（NextHop）为 0.0.0.0 的网络（Network）表示当前路由器 R2 所在自治系统内部的网段。

从 R3 的 BGP 路由表（图 2-4）中可以看出，R3 学习到了 AS11 中的 192.168.1.0 的路由信息，度量值（MED）是 1；下一跳（NextHop）为 0.0.0.0 的网络（Network）表示当前路由器 R3 所在自治系统内部的网段。

```
<R3>display bgp routing-table

BGP Local router ID is 3.3.3.3
Status codes: * - valid, > - best, d - damped,
              h - history, i - internal, s - suppressed, S
              Origin : i - IGP, e - EGP, ? - incomplete


Total Number of Routes: 4
      Network             NextHop           MED        LocPrf

*>    10.10.0.0/24        10.10.1.1         0
      10.10.1.0/24        10.10.1.1         0
*>    192.168.1.0         10.10.1.1         1
*>    192.168.2.0         0.0.0.0           0
```

图 2-4　R3 的 BGP 路由表信息

2.2　基于 Keychain 的 BGP 认证技术

基于 Keychain 的 BGP 认证方式用来实现密钥的周期性更换，此方式可以在 Keychain 中定义多个 key。

在 Keychain 方式下定义密钥的存活期分为 Absolute 与 Periodic 两种模式。在 Periodic 模式中，一个 key 的有效时间为周期性的一段时间，分为 daily，weekly，monthly，yearly。Key 具有多个属性，包括 Key-ID（范围为 0 ~ 63），key-string，认证算法（hmac-md5、hmac-sha1-12、hmac-sha1-20、md5、sha-1、simple），发送时间（send-time）和接收时间（receive-time）等。以 daily 为例，一个 key 的有效时间为每一天的某一段时间，定义多个 key 时，时间段不要重叠，否则系统将给出警告。

合理给不同的 Key-ID 设置不同的发送时间和接收时间，实现密钥的无缝周期性更换，并且保证与 BGP 邻居的正常通信，增加网络安全性。基于 Keychain 的 BGP 认证中常见命令及其功能如表 2-2 所示。

表 2-2　基于 Keychain 的 BGP 认证中常见命令及其功能

命令	功能
bgp　＜自治系统编号＞	进入 BGP 配置模式，＜自治系统编号＞的取值范围是 1~4 294 967 295
router-id　＜路由器 ID＞	配置当前路由器的 ID
peer　＜其他对等体的 IP＞　as-number　＜其他对等体的自治系统编号＞	声明与其他对等体建立邻居关系
keychain key mode periodic ＜daily| weekly|monthly| yearly＞	设置 keychain 中密钥更新周期（每天|每周|每月|每年）
key-id　＜编号＞	设置 key-id 的编号，编号取值范围是 0~63
algorithm　＜md5|hmac-md5|　hmac-sha1-12| hmac-sha1-20| sha-1＞	指定认证算法
key-string　＜password＞	设定密码为＜password＞
send-time　daily　＜hh1:mm1＞　to　＜hh2:mm2＞	设置每天发送时间段
receive-time daily　＜hh1:mm1＞　to　＜hh2:mm2＞	设置每天接收时间段
ipv4-family　unicast	进入 IPv4 地址池视图
import-route ＜rip|ospf|其他＞　　＜进程号＞	引入某种路由协议的路由信息
display　bgp　peer	查看 BGP 邻居关系
display　this	查看 BGP 认证配置信息
display　bgp　routing-table	查看 BGP 路由表
display　keychain　key	查看 Keychain 信息

1. 拓扑结构

拓扑结构如图 2-5 所示。

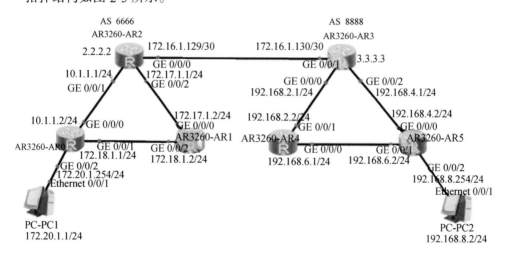

图 2-5　拓扑结构图

2. 具体要求

（1）将路由器更名为图 2-5 中所示的名字，并设置每个路由器各接口的 IP 地址和子网掩码。

（2）R0、R1 和 R2 在自治系统 6666 中，它们之间使用内部网关协议 RIPv2；R3、R4 和 R5 在自治系统 8888 中，它们之间使用内部网关协议 OSPF；R2 是自治系统 6666 的发言人，R3 是自治系统 8888 的发言人，不同 AS 之间使用外部网关协议 BGP，以建立 EBGP 邻居关系。

（3）在 BGP 发言人中引入内部路由信息，以方便不同自治系统的计算机之间能够相互通信。

（4）查看 AR2 的 BGP 路由表；跟踪 PC1 到 PC2 经过的路径。

（5）在 R2 和 R3 上配置基于 Keychain 的认证，配置 2 个 Key-ID，实现密钥的无缝隙周期性更换，具体如表 2-3 所示。

表 2-3　Keychain 认证的 ID、密钥、认证算法、模式和时间

Key-ID	Key-String	Mode	Algorithm	Send-time/receive-time
0	scpcwg0	Periodic daily	HMAC-Md5	00:00—12:00
1	scpcwg1	Periodic daily	HMAC-Md5	12:01—23:59

（6）查看 AR2 的 BGP 邻居关系。

（7）查看 AR2 定义的 keychain 中的两个 key-id 详细信息。

（8）再次跟踪 PC1 到 PC2 经过的路径，并测试 PC1 和 PC2 之间的连通性。

（9）结果正确后，保存上述配置信息。

3. 配置技术

第 1 步：路由器更名，并设置各路由器接口的 IP 地址和子网掩码。

AR0：

<Huawei>**undo terminal monitor**

Info: Current terminal monitor is off.

<Huawei>**system-view**

Enter system view, return user view with Ctrl+Z.

[Huawei]**sysname　　AR0**

[AR0]**interface　　g0/0/0**

[AR0-GigabitEthernet0/0/0]**ip　　address　　10.1.1.2　　24**

[AR0-GigabitEthernet0/0/0]**interface　　g0/0/1**

[AR0-GigabitEthernet0/0/1]**ip　　address　　172.18.1.1　　24**

[AR0-GigabitEthernet0/0/1]**interface　　g0/0/2**

[AR0-GigabitEthernet0/0/2]**ip address 172.20.1.254 24**

AR1：

<Huawei>**undo terminal monitor**

<Huawei>**system-view**

[Huawei]**sysname   AR1**

[AR1]**interface   g0/0/0**

[AR1-GigabitEthernet0/0/0]**ip address 172.17.1.2   24**

[AR1-GigabitEthernet0/0/0]**interface g0/0/2**

[AR1-GigabitEthernet0/0/2]**ip address 172.18.1.2   24**

AR2：

<Huawei>**undo terminal monitor**

<Huawei>**system-view**

Enter system view, return user view with Ctrl+Z.

[Huawei]**sysname AR2**

[AR2]**interface g0/0/0**

[AR2-GigabitEthernet0/0/0]**ip address 172.16.1.129 30**

[AR2-GigabitEthernet0/0/0]**interface g0/0/1**

[AR2-GigabitEthernet0/0/1]**ip address 10.1.1.1 24**

[AR2-GigabitEthernet0/0/1]**interface g0/0/2**

[AR2-GigabitEthernet0/0/2]**ip address 172.17.1.1   24**

[AR2-GigabitEthernet0/0/2]**return**

AR3：

<Huawei>**undo terminal monitor**

Info: Current terminal monitor is off.

<Huawei>**system-view**

Enter system view, return user view with Ctrl+Z.

[Huawei]**sysname   AR3**

[AR3]**interface g0/0/0**

[AR3-GigabitEthernet0/0/0]**ip address 192.168.2.1 24**

[AR3-GigabitEthernet0/0/0]

[AR3-GigabitEthernet0/0/0]**interface g0/0/1**

[AR3-GigabitEthernet0/0/1]**ip address 172.16.1.130   30**

[AR3-GigabitEthernet0/0/1]**interface g0/0/2**

[AR3-GigabitEthernet0/0/2]**ip address 192.168.4.1   24**

AR4：

<Huawei>**undo terminal monitor**

Info: Current terminal monitor is off.

<Huawei>**system-view**

Enter system view, return user view with Ctrl+Z.

[Huawei]**sysname AR4**

[AR4]**interface g0/0/0**

[AR4-GigabitEthernet0/0/0]**ip address 192.168.6.1   24**

[AR4-GigabitEthernet0/0/0]**interface g0/0/1**

[AR4-GigabitEthernet0/0/1]**ip address 192.168.2.2   24**

AR5：

<Huawei>**undo terminal monitor**

Info: Current terminal monitor is off.

<Huawei>**system-view**

Enter system view, return user view with Ctrl+Z.

[Huawei]**sysname AR5**

[AR5]**interface g0/0/0**

[AR5-GigabitEthernet0/0/0]**ip address 192.168.4.2   24**

[AR5-GigabitEthernet0/0/0]**interface g0/0/1**

[AR5-GigabitEthernet0/0/1]**ip address 192.168.6.2   24**

[AR5-GigabitEthernet0/0/1]**interface g0/0/2**

[AR5-GigabitEthernet0/0/2]**ip   address 192.168.8.254   24**

第 2 步：配置两个自治系统内部的动态路由。

R0 ~ R2 在自治系统 6666 中，使用内部网关协议 RIPv2；R3 ~ R5 在自治系统 8888 中，它们之间使用内部网关协议 OSPF。

AR0：

[AR0]**rip   1**

[AR0-rip-1]**network   10.0.0.0**

[AR0-rip-1]**network   172.18.0.0**

[AR0-rip-1]**network   172.20.0.0**

[AR0-rip-1]**version   2**

AR1：

[AR1]**rip 1**

[AR1-rip-1]**network 172.17.0.0**

[AR1-rip-1]**network 172.18.0.0**

[AR1-rip-1]**version 2**

AR2：

[AR2]**rip 1**

[AR2-rip-1]**network 10.0.0.0**

[AR2-rip-1]**network 172.16.0.0**

[AR2-rip-1]**network 172.17.0.0**

[AR2-rip-1]**version 2**

AR3：

[AR3]**ospf　8**

[AR3-ospf-8]**area　0**

[AR3-ospf-8-area-0.0.0.0]**network　192.168.2.0　0.0.0.255**

[AR3-ospf-8-area-0.0.0.0]**network　192.168.4.0　0.0.0.255**

[AR3-ospf-8-area-0.0.0.0]**network　172.16.1.128　0.0.0.3**

AR4：

[AR4]**ospf　8**

[AR4-ospf-8]**area　0**

[AR4-ospf-8-area-0.0.0.0]**network　192.168.2.0　0.0.0.255**

[AR4-ospf-8-area-0.0.0.0]**network　192.168.6.0　0.0.0.255**

AR5：

[AR5]**ospf　8**

[AR5-ospf-8]**area　0**

[AR5-ospf-8-area-0.0.0.0]**network　192.168.4.0　0.0.0.255**

[AR5-ospf-8-area-0.0.0.0]**network　192.168.6.0　0.0.0.255**

[AR5-ospf-8-area-0.0.0.0]**network　192.168.8.0　0.0.0.255**

第 3 步：配置各路由器所在的自治系统，设置路由器 ID，R0～R2 都在自治系统 6666 中，它们的 ID 分别为 0.0.0.1，1.1.1.1，2.2.2.2，使用内部网关协议 RIPv2；R3～R5 都在自治系统 8888 中，它们的 ID 分别为 3.3.3.3，4.4.4.4，5.5.5.5。用 peer 命令与对等体建立邻居关系。

[AR0]**bgp　?**

INTEGER<1-4294967295>　　AS number in asplain format 　（number<1-4294967295>）

STRING<3-11>　　　　　　AS number in asdot format

　　　　　　　　　　　　（number<1-65535>.number<0-65535>）

[AR0]**bgp　6666**

[AR0-bgp]**router-id　0.0.0.1**

[AR0-bgp]**peer 10.1.1.1　as-number　6666**

[AR0-bgp]**peer 172.18.1.2　as-number　6666**

[AR1]**bgp　6666**

[AR1-bgp]**router-id　1.1.1.1**

[AR1-bgp]**peer　172.17.1.1　as-number　6666**

[AR1-bgp]**peer   172.18.1.1   as-number   6666**

[AR1-bgp]

[AR2]**bgp   6666**

[AR2-bgp]**router-id   2.2.2.2**

[AR2-bgp]**peer   10.1.1.2   as-number   6666**

[AR2-bgp]**peer   172.17.1.2   as-number   6666**

[AR2-bgp]**peer   172.16.1.130   as-number   8888**

[AR3]**bgp 8888**

[AR3-bgp]**router-id 3.3.3.3**

[AR3-bgp]**peer   172.16.1.129   as-number   6666**

[AR3-bgp]**peer   192.168.2.2   as-number   8888**

[AR3-bgp]**peer   192.168.4.2   as-number   8888**

[AR4]**bgp   8888**

[AR4-bgp]**router-id   4.4.4.4**

[AR4-bgp]**peer   192.168.2.1   as-number   8888**

[AR4-bgp]**peer   192.168.6.2   as-number   8888**

[AR5]**bgp   8888**

[AR5-bgp]**router-id   5.5.5.5**

[AR5-bgp]**peer   192.168.4.1   as-number   8888**

[AR5-bgp]**peer   192.168.6.1   as-number   8888**

<AR2>**display bgp peer**

BGP local router ID : 2.2.2.2

Local AS number : 6666

Total number of peers : 3   Peers in established state : 3

Peer	V	AS	MsgRcvd	MsgSent	OutQ	Up/Down	State PrefRcv
10.1.1.2	4	6666	8	8	0	00:06:41 Established	0
172.16.1.130	4	8888	5	6	0	00:03:38 Established	0
172.17.1.2	4	6666	8	8	0	00:06:22 Established	0

<AR2>

第 4 步：在 BGP 发言人中引入内部路由信息，以方便不同自治系统的计算机之间能够相互通信。

[AR2]**bgp   6666**

[AR2-bgp]**ipv4-family unicast**

[AR2-bgp-af-ipv4]**import-route rip 1**

[AR3]**bgp 8888**

[AR3-bgp]**ipv4-family unicast**

[AR3-bgp-af-ipv4]**import-route　ospf　8**

第 5 步：查看 AR2 的 BGP 路由表；测试 PC1 和 PC2 之间的连通性。

<AR2>**display bgp routing-table**

BGP Local router ID is 2.2.2.2

Status codes: * - valid, > - best, d - damped，

　　　　　　h – history,　i – internal, s – suppressed, S - Stale

　　　　　　Origin : i – IGP, e – EGP, ? - incomplete

Total Number of Routes: 10

	Network	NextHop	MED	LocPrf	PrefVal	Path/Ogn
*>	10.1.1.0/24	0.0.0.0	0		0	?
*>	172.16.1.128/30	0.0.0.0	0		0	?
		172.16.1.130	0		0	8888?
*>	172.17.1.0/24	0.0.0.0	0		0	?
*>	172.18.1.0/24	0.0.0.0	1		0	?
*>	172.20.1.0/24	0.0.0.0	1		0	?
*>	192.168.2.0	172.16.1.130	0		0	8888?
*>	192.168.4.0	172.16.1.130	0		0	8888?
*>	192.168.6.0	172.16.1.130	2		0	8888?
*>	192.168.8.0	172.16.1.130	2		0	8888?

<AR2>

测试 PC1 和 PC2 之间的连通性，结果如图 2-6 所示。

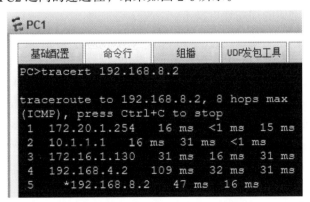

图 2-6　PC1 和 PC2 之间的连通性

第 6 步：根据网络规划要求，配置基于 Keychain 的认证。

[AR2]**keychain　key　mode　?**

absolute　　Absolute timing mode

periodic   Periodic timing mode

[AR2]**keychain　key　mode　periodic　?**

daily   Daily periodic timing mode

monthly   Monthly periodic timing mode

weekly   Weekly periodic timing mode

yearly   Yearly periodic timing mode

[AR2]**keychain　key　mode　periodic　daily**　　（设置 keychain 中密钥每天更新）

[AR2-keychain]**key-id　?**

INTEGER<0-63>   Value of key-id

[AR2-keychain]**key-id　0**　　　　　　　　　　（设定 key-id 为 0）

[AR2-keychain-keyid-0]**algorithm　?**　　　　（显示可采用的认证算法）

hmac-md5   HMAC-MD5 algorithm

hmac-sha1-12   HMAC-SHA1-12 algorithm

hmac-sha1-20   HMAC-SHA1-20 algorithm

md5   MD5 algorithm

sha-1   SHA-1 algorithm

simple   Simple password authentication

[AR2-keychain-keyid-0]**algorithm　hmac-md5**　　　　（采用 hmac-md5 认证算法）

[AR2-keychain-keyid-0]**key-string　scpcwg0**　　　　（设定密码为 scpcwg0）

[AR2-keychain-keyid-0]**send-time　daily　00:00　to 12:00**　（设置每天发送时间段）

[AR2-keychain-keyid-0]**receive-time　daily　00:00　to 12:00**　（设置每天接收时间段）

[AR2-keychain-keyid-0]**bgp　6666**

[AR2-bgp]**peer　172.16.1.130　keychain　key**　　（设置当前路由器与对端采用 keychain 方式实现密钥的周期性更换）

[AR2-bgp]**quit**

AR2]**keychain　key　mode　periodic　daily**

[AR2-keychain]**key-id　1**　　　　　　　　　　（设定 key-id 为 1）

[AR2-keychain-keyid-1]**algorithm　hmac-md5**　　　（采用 hmac-md5 认证算法）

[AR2-keychain-keyid-1]**key-string　scpcwg1**　　　（设定密码为 scpcwg1）

[AR2-keychain-keyid-1]**send-time　daily　12:01　to　23:59**

[AR2-keychain-keyid-1]**receive-time　daily　12:01　to　23:59**

[AR2-keychain-keyid-1]**bgp　6666**

[AR2-bgp]**peer　172.16.1.130　keychain　key**

[AR3]**keychain　key　mode　periodic　daily**　　（设置 keychain 中密钥每天更新）

[AR3-keychain]**key-id 0**

[AR3-keychain-keyid-0]**algorithm　hmac-md5**　　（采用 hmac-md5 认证算法）

[AR3-keychain-keyid-0]**key-string   scpcwg0**   （设定密码为 scpcwg0）

[AR3-keychain-keyid-0]**send-time daily   00:00 to 12:00**

[AR3-keychain-keyid-0]**receive-time daily   00:00 to 12:00**

[AR3-keychain-keyid-0]**bgp   8888**

[AR3-bgp]**peer   172.16.1.129   keychain   key**

[AR3-bgp]**quit**

[AR3]**keychain   key   mode periodic   daily**

[AR3-keychain]**key-id 1**

[AR3-keychain-keyid-1]**algorithm   hmac-md5**   （采用 hmac-md5 认证算法）

[AR3-keychain-keyid-1]**key-string   scpcwg1**   （设定密码为 scpcwg1）

[AR3-keychain-keyid-1]**send-time daily 12:01- to23:59**

[AR3-keychain-keyid-1]**receive-time daily 12:01 to 23:59**

[AR3-keychain-keyid-1]**bgp   8888**

[AR3-bgp]**peer   172.16.1.129   keychain   key**

[AR3-bgp]

第 7 步：查看 AR2 的 BGP 邻居关系。

[AR2]**display   bgp   peer**

BGP local router ID : 2.2.2.2

Local AS number : 6666

Total number of peers : 3   Peers in established state : 3

Peer	V	AS	MsgRcvd	MsgSent	OutQ	Up/Down	State Pre fRcv
10.1.1.2	4	6666	48	63	0	00:46:14 Established	0
172.16.1.130	4	8888	7	7	0	00:00:45 Established	5
172.17.1.2	4	6666	48	63	0	00:46:15 Established	0

从结果可以看出，AR2 和 AR3 已建立了 BGP 邻居关系。

第 8 步：查看 AR2 定义的 keychain 中的两个 key-id 详细信息。

<AR2>**display keychain key key-id   0**   （查看 keychain 中 key-id 为 0 的详细信息）

Keychain Information:

Keychain Name   : key

Timer Mode   : Daily periodic

Receive Tolerance（min） : 0

TCP Kind   : 254

TCP Algorithm IDs   :

HMAC-MD5   : 5

HMAC-SHA1-12   : 2

HMAC-SHA1-20   : 6

MD5   : 3

SHA1   : 4

Key ID Information:

Key ID   **: 0**

Key string   : %$%$W，3xG=VV<Zs<jtX#I/2YUE*S%$%$ （cipher）

Algorithm   : HMAC-MD5

SEND TIMER   :

Start time   : 00:00

End time   : 12:00

Status   : Inactive

RECEIVE TIMER   :

Start time   : 00:00

End time   : 12:00

Status   : Inactive

DEFAULT SEND KEY ID INFORMATION

Default   : Not configured

从显示结果可以看出，keychain 的名称为 key，Key ID 为 0，认证采用的算法是 HMAC-MD5，此时的 key 处于不活动状态（Inactive）。由于作者在编写代码测试的时间在晚上，不在此区间（00:00—12:00），所以该 Key-id 没有被使用。

<AR2>**display keychain key key-id 1** （查看 keychain 中 key-id 为 1 的详细信息）

Keychain Information:

Keychain Name   **: key**

Timer Mode   : Daily periodic

Receive Tolerance（min）   : 0

TCP Kind   : 254

TCP Algorithm IDs   :

HMAC-MD5   : 5

HMAC-SHA1-12   : 2

HMAC-SHA1-20   : 6

MD5   : 3

SHA1   : 4

Key ID Information:

Key ID : 1

Key string : %$%$dOF@Y;3F2VEk5g4#J$+UUY=^%$%$ （cipher）

Algorithm : HMAC-MD5

SEND TIMER :

Start time : 12:01

End time : 23:59

Status : Active

RECEIVE TIMER :

Start time : 12:01

End time : 23:59

Status : Active

DEFAULT SEND KEY ID INFORMATION

Default : Not configured

从显示结果可以看出，keychain 的名称为 key，Key ID 为 1，认证采用的算法是 HMAC-MD5，此时的 key 处于活动状态（active）。由于作者在编写代码测试的时间在晚上，刚好在此区间（12:01—23:59），该 Key-id 正在被使用。

第 9 步：再次跟踪 PC1 到 PC2 经过的路径，并测试 PC1 和 PC2 之间的连通性。

图 2-7　跟踪 PC1 到 PC2 经过的路径

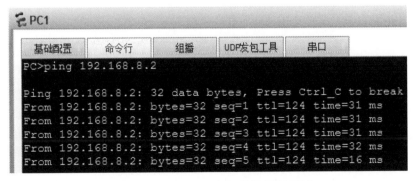

图 2-8　PC1 和 PC2 之间的连通性测试

第 10 步：保存上述的配置信息，并保存拓扑结构。

```
<AR0>save
```

The current configuration will be written to the device.

Are you sure to continue? (y/n)[n]: **y**

```
<AR1>save
```

The current configuration will be written to the device.

Are you sure to continue? (y/n)[n]: **y**

```
<AR2>save
```

The current configuration will be written to the device.

Are you sure to continue? (y/n)[n]: **y**

```
<AR3>save
```

The current configuration will be written to the device.

Are you sure to continue? (y/n)[n]: **y**

```
<AR4>save
```

The current configuration will be written to the device.

Are you sure to continue? (y/n)[n]: **y**

```
<AR5>save
```

The current configuration will be written to the device.

Are you sure to continue? (y/n)[n]: **y**

第 3 章
防火墙技术

3.1 华为 USG6000V 防火墙安全配置

3.1.1 防火墙功能、类型简介

1. 防火墙的功能

防火墙一般部署于企事业单位、政府机构等的内网与外网之间（或者专用网络与互联网之间），用以隔离内外网的直接通信，防止外部网络对内部网络发起的入侵和攻击。作为重要的网络安全防护设备，防火墙在防止外部网络攻击、保护内网安全、远程安全访问、网络流量控制、数据包过滤等方面，发挥了极其重要的作用。

2. 防火墙的分类

（1）根据防火墙的存在形式，可以分为硬件防火墙和软件防火墙两大类。硬件防火墙是实实在在的物理设备（如华为、华三、深信服、思科等公司的系列硬件防火墙产品），通常部署于内网与外网之间。软件防火墙通常以软件的形式（如 Windows 系统自带的防火墙）被安装到计算机系统中。

（2）根据硬件防火墙采用的技术，防火墙可以分为如下类型：

包过滤型防火墙：通过检查数据流中每个数据包的源地址、目的地址、端口、协议或它们的组合，最终确定是否允许数据包通过。

应用网关防火墙：工作在 OSI（开放系统互联）模型的应用层，能针对特定的网络应用协议制定相应的数据过滤规则，并对数据包进行必要的分析、登记和统计。

代理服务防火墙：工作在 OSI 模型的应用层，防火墙作为内网和外网之间的通信代理，隔离了两者之间的直接通信，从而达到隐藏内部网络真实情况的目的。

状态监测防火墙：也被称作自适应防火墙或动态包过滤防火墙，通过状态检测技术，动态地记录和维护各个网络连接的协议状态，并对数据包的内容（如源地址、协议等）进行检测，再根据已制定的规则，从而确定数据包是否被允许通过。

自适应代理防火墙：结合了动态包过滤技术和代理技术，能根据已制定的安全策略和实际数据流量情况，动态调整数据过滤策略。

（3）按防火墙结构分类：单一主机防火墙、路由器集成式防火墙、分布式防火墙。单一主机防火墙是传统的防火墙，由主板、CPU（中央处理器）、内存、硬盘等基本组件

构成，独立于其他网络设备，部署于网络的边界。路由器集成式防火墙是在路由器中集成了防火墙的部分功能，以此节约建网成本。分布式防火墙是一个完整的保护系统，其不再位于网络边界，而是渗透于所保护网络的每一台主机。该类型的防火墙一般需要安装一套系统管理软件，并在各主机上安装具有网卡和防火墙双重功能的防火墙卡，通过在中心策略主机上集中定义网络安全策略，并由相关节点主机负责独立实施安全策略，具有分布式体系结构，能进行集中管理，能动态更新安全策略，系统可扩展性强。

3.1.2　安全区域

为了便于网络的安全管理，防火墙在默认状况下具有四个安全区域，分别是 Trust（信任区域）、Untrust（不可信任区域）、DMZ（Demilitarized Zone，非军事化区域，或称隔离区）和 Local（本地区域），其示意图如图 3-1 所示。

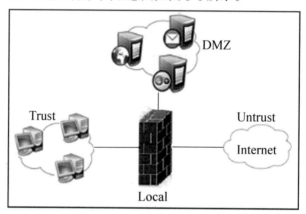

图 3-1　防火墙安全区域示意图

（1）Trust 区域内的网络，其受信任程度高，例如华为 USG6000V 防火墙默认该区域的安全值为 85。Trust 区域通常用来定义内网用户所在的网络。

（2）Untrust 区域为不受信任的网络区域，例如华为 USG6000V 防火墙默认该区域的安全值为 5，该区域通常用来定义 Internet 等不安全的外部网络。

（3）DMZ 区域内的网，其受信任程度为中等，华为 USG6000V 防火墙默认该区域的安全值为 50，该区域通常用来定义内部服务器所处的网络。

（4）Local 区域，是指防火墙设备本身，该区域具有最高的安全级别，例如华为 USG6000V 防火墙默认该区域的安全值为 100。

（5）此外，用户根据实际需要，还可以自定义安全区域，但一般的防火墙能定义的安全区域数量最多为 16 个（含上面默认的 4 个），其优先级不能与现有区域优先级相同。

需要说明的是，Local、Trust、DMZ、Untrust 四个区域是系统自带的区域，不能被管理员删除。另外，报文数据在两个安全区域之间流动时，将会触发不同的安全检查。数据从低级别的安全区域向高级别的安全区域流动时为入方向（inbound），从由高级别的安全区域向低级别的安全区域流动时为出方向（outbound）。

3.1.3 安全策略及其基本配置

在实际网络工程中，如果没有特别要求，一般将 Web 服务器、FTP 服务器等提供对外信息服务的内部网络区域设置为 DMZ 区域，将大量的内网用户主机所处的网络配置为 Trust 区域，而将接入 Internet 的区域配置为 Untrust 区域。

针对不同安全区域间的网络通信，需要设置不同的安全策略，比如允许 Trust 区域（内网用户）和 Untrust 区域（互联网用户）可以访问 DMZ 区域（服务器所处的区域）的 Web 服务和 FTP 服务而禁止访问其他服务，禁止 Untrust 区域主机访问 Trust 区域主机，禁止 DMZ 区域访问 Trust 区域等。如果各安全域之间不配置安全策略，则各区域内主机之间的任何数据均不能相互通过，而同一区域间主机的通信，防火墙会直接转发。此外，我们认为同一区域内的数据流不存在风险，无需实施安全策略。下面以一个简化的实例，演示防火墙安全策略的基本配置。

1. 拓扑结构

网络拓扑结构如图 3-2 所示，防火墙选用华为 USG6000V，路由器选择 AR3260。

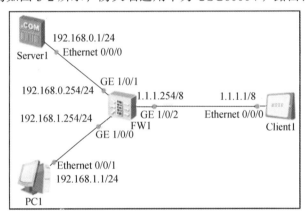

图 3-2　安全策略及其基本配置拓扑图

2. 具体要求

（1）服务器 Server1 所处的网络为 DMZ 区，主机 PC1 所处的网络为 Trust 区，客户机 Client1 所在的网络为 Untrust 区。

（2）服务器、各客户机及防火墙 FW1 和路由器各接口的 IP 地址、子网掩码如拓扑结构图所示。

（3）在服务器 Server1 上配置 FTP 服务，并在防火墙 FW1 上配置安全策略，只允许 Untrust 区域的主机（如 Client1）访问该服务。

（4）在防火墙上配置安全策略，允许 PC1 利用 ping 命令测试与服务器 Server1、Client1 的网络连通性。

（5）测试上述配置是否达到要求。

3. 配置步骤

第一步：配置客户机 PC1、Client1 的 IP 地址、子网掩码和网关，分别如图 3-3、图 3-4 所示。

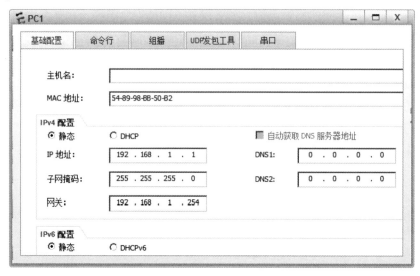

图 3-3　PC1 的 IP 地址、子网掩码、网关配置

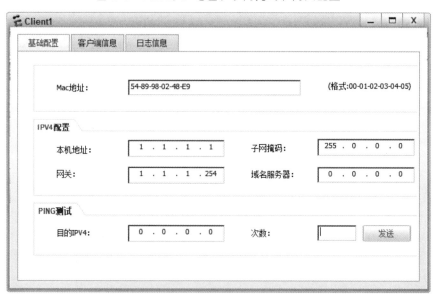

图 3-4　Client1 的 IP 地址、子网掩码、网关配置

第二步：配置 Server1 的 IP 地址、子网掩码、网关，如图 3-5 所示，配置其 FTP 服务并启动该服务，配置如图 3-6 所示。

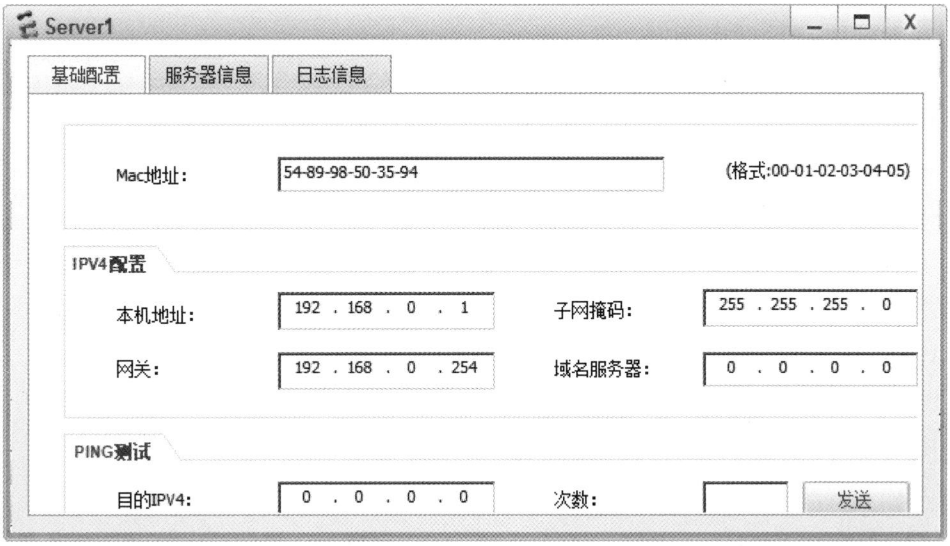

图 3-5　Server1 的 IP 地址、子网掩码、网关配置

图 3-6　配置 Server1 的 FTP 服务

第三步：配置防火墙 FW1。

启动防火墙后，提示用户输入账号和密码，并要求更改账号、密码，如下。

Username:**admin**　　　（输入 USG6000v 的默认账号 admin）

Password:　　　　　　（默认密码是 Admin@123）

The password needs to be changed. Change now? [Y/N]: **y**　　（提示更改登录防火墙的密码，选择 Y）

Please enter old password:

Please enter new password:

Please confirm new password:

Info: Your password has been changed. Save the change to survive a reboot.

……

（在上面输入旧密码和新密码后，提示更改成功）

<USG6000V1>**system-view**

[USG6000V1]**undo info-center enable** 　　（关闭配置过程中的所有信息提示）

（以下配置防火墙各接口的 IP 地址和子网掩码）

[USG6000V1]**sysname FW1**

[FW1]**interface g1/0/0**

[FW1-GigabitEthernet1/0/0]**ip address 192.168.1.254 24**

[FW1-GigabitEthernet1/0/0]**quit**

[FW1]**interface g1/0/1**

[FW1-GigabitEthernet1/0/1]**ip address 192.168.0.254 24**

[FW1-GigabitEthernet1/0/1]**quit**

[FW1]**interface g1/0/2**

[FW1-GigabitEthernet1/0/2]ip **address 1.1.1.254 8**

[FW1-GigabitEthernet1/0/2]**quit**

（以下配置 dmz、trust 和 untrust 区域，并加入相应接口）

[FW1]**firewall zone dmz** 　　　　　（进入 dmz 区域配置视图）

[FW1-zone-dmz]**add interface g1/0/1** （将接口 g1/0/1 加入 dmz 区域）

[FW1-zone-dmz]**quit**

[FW1]**firewall zone trust** 　　　　　（进入 trust 区域配置视图）

[FW1-zone-trust]**add interface g1/0/0** 　（将接口 g1/0/0 加入 trust 区域）

[FW1-zone-trust]**quit**

[FW1]**firewall zone untrust** 　　　　　（进入 untrust 区域配置视图）

[FW1-zone-untrust]a**dd interface g1/0/2** 　（将接口 g1/0/2 加入 untrust 区域）

[FW1-zone-untrust]**quit**

（以下配置防火墙安全策略）

[FW1]**security-policy** 　　　　　（进入安全策略配置视图）

[FW1-policy-security]**rule name policy_trustTOuntrust** 　（创建名为 policy_trust
TOuntrust 的规则）

[FW1-policy-security-rule-policy_trustTOuntrust]**source-zone trust** （指定数据来源区域为 trust）

[FW1-policy-security-rule-policy_trustTOuntrust]**destination-zone untrust** （指定数据的目的区域为 untrust）

[FW1-policy-security-rule-policy_trustTOuntrust]**action permit** （动作为允许通过）

[FW1-policy-security-rule-policy_trustTOuntrust]**quit**

[FW1-policy-security]

[FW1-policy-security]**rule name policy_untrustTOdmz** （创建名为 policy_untrustTOdmz 的规则）

[FW1-policy-security-rule-policy_untrustTOdmz]**source-zone untrust** （指定数据来源区域为 untrust）

[FW1-policy-security-rule-policy_untrustTOdmz]**destination-zone dmz**（指定数据的目的区域为 dmz）

[FW1-policy-security-rule-policy_untrustTOdmz]**service ftp** （指定允许通过的协议为 ftp）

[FW1-policy-security-rule-policy_untrustTOdmz]**action permit** （动作为允许通过）

[FW1-policy-security-rule-policy_untrustTOdmz]**quit**

[FW1-policy-security]

[FW1-policy-security]**rule name policy_trustTOdmz** （创建名为 policy_ trustTOdmz 的规则）

[FW1-policy-security-rule-policy_trustTOdmz]**source-zone trust** （指定数据来源区域为 trust）

[FW1-policy-security-rule-policy_trustTOdmz]**destination-zone dmz** （指定数据的目的区域为 dmz）

[FW1-policy-security-rule-policy_trustTOdmz]**service icmp**（由于 ping 命令使用 icmp 协议，所以指定允许通过的协议为 imcp）

[FW1-policy-security-rule-policy_trustTOdmz]**action permit** （动作为允许通过）

[FW1-policy-security-rule-policy_trustTOdmz]**quit**

[FW1-policy-security]**quit**

第四步：测试

测试 PC1（位于 trust 区域）与服务器 Server1（位于 DMZ 区域）的网络连通性，结果如图 3-7 所示。结果表明，防火墙允许 PC1 用 ping 命令测试与 Server1 的连通性，并且网络已连通。

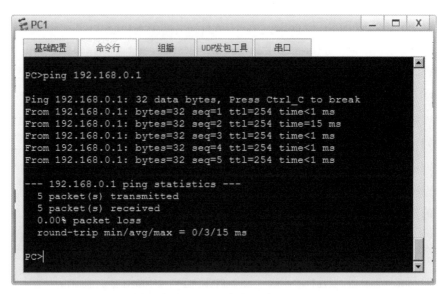

图 3-7　PC1 被允许使用 ping 命令测试与 Server1 的连通性

　　由于在防火墙上设置了允许所有从 trust 到 untrust 的数据通过，因此，防火墙允许 PC1（处于 trust 区域）使用 ping 命令，测试其与 untrust 区域主机 Client1 的连通性，测试结果如图 3-8 所示，结果表明 PC1 与 Client1 已经网络连通。

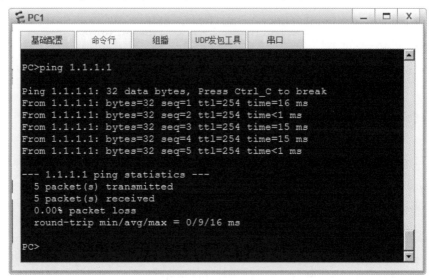

图 3-8　PC1 使用 ping 命令测试与 untrust 区域主机的连通性

　　由于主机 Client1 没有配置 untrust 到 trust 的安全策略，而防火墙默认的策略为拒绝通过，因此，当 Client1 使用 ping 命令测试与 PC1 的连通性时失败，结果如图 3-9 右下角所示（使用 ping 命令 3 次，成功 0 次，失败 3 次）。

图 3-9　Client1 使用 Ping 命令时失败

由于在防火墙上配置了允许从 untrust 到 dmz 的 ftp 数据通过策略，如图 3-10 所示的测试结果中，Client1 已经成功登录 ftp 服务器，并列出了服务器上的文件（abc.txt、code.txt、document.docx），说明配置成功。注意在图 3-10 中，需要输入服务器的地址为 192.168.0.1。

图 3-10　Client1 成功登录 ftp 服务器

3.1.4　NAT 配置

由于 IPv4 地址有限，内网中的服务器和主机一般都使用私有地址，但是私有地址无法直接和互联网通信。为了使内网中的主机能接入互联网，NAT（Newwork Address Translation，网络地址转换）技术应运而生。

　　NAT技术是将内部网络私有IP地址转换成公网IP地址的技术，通过在网关上（一般为出口路由器、防火墙或专用NAT设备等）配置NAT策略，内部网络去往互联网的数据包，经过网关设备转换后，其源地址将被替换为公有地址，或者外部网络发往内网的数据包，经过网关设备转换后，其目的地址将被替换为内网相应的私有地址。NAT技术具有隐藏内部网络、节约公有地址等优点，其示例图如图3-11所示。

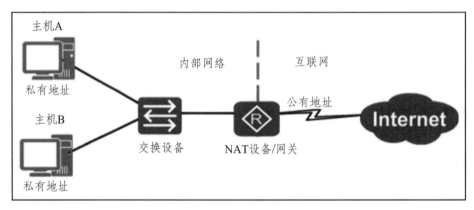

图 3-11　NAT 技术示例图

　　NAT技术可以分为如下几类：

　　（1）源NAT技术，实现源IP地址转换。

　　① 静态NAT：每一个公网IP地址只分配给唯一的内网地址，公网地址与私网地址一一对应，此种方式虽然隐藏了内网IP地址的配置情况，但不能节约公有地址。

　　② 动态NAT：基于公网地址池实现地址转换，公网地址池中有部分公有地址（一般是少量公有地址），内网有私有地址需要转换时，将从地址池中选择一个公有地址进行转换。

　　③ NAPT：多个私有地址被同一个公网地址转换（至少需要两个非出接口公网IP）并辅以该公网地址不同端口进行映射（转换）。

　　④ easy-ip：多个私网地址被同一个公网地址进行不同端口的转换，此种情况下，该公网地址一般是出接口的公网IP。

　　（2）目的NAT技术，实现目的IP地址转换，例如在防火墙上配置NAT-server，可以实现外网用户访问内网的FTP、Web服务器等。

　　下面以华为USG6000V防火墙为例，配置其双向NAT（源NAT和目的NAT），实现公网地址和私网地址转换，具体要求如下：

　　1. 拓扑结构

　　拓扑结构如图3-12所示，防火墙选用USG6000V，路由器选择AR3260。

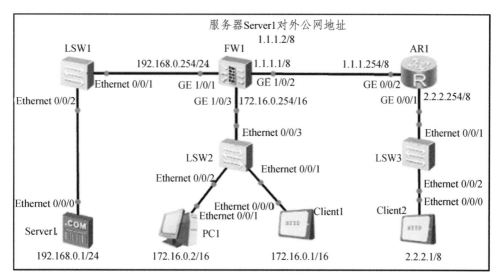

图 3-12 双向 NAT 配置拓扑结构图

2. 具体要求

（1）FTP 服务器 Server1 所处的网络为 DMZ 区，客户机 PC1、Client1 所处的网络为 trust 区，路由器 AR1 所在的网络为 untrust 区。

（2）服务器、各客户机及防火墙 FW1 和路由器 AR1 各接口的 IP 地址、子网掩码如拓扑结构图所示。

（3）Server1 对外声明的公网 IP 地址为 1.1.1.2/8，配置防火墙，使得外部网络能通过该地址访问其 ftp 服务。

（4）在 Server1 上配置 ftp 服务，并在防火墙 FW1 上配置安全策略，允许 trust 和 untrust 区域的主机（如 Client1、Client2）仅能访问该服务。

（5）在防火墙上配置 NAT 策略，其地址池中的公网地址范围为：1.1.1.10 ~ 1.1.1.15，使得内网主机访问外网（untrust 区域）时，能转换为该地址池中的公网地址。

（6）在防火墙上配置 NAT-server，即配置目的 NAT，使得外网主机能够以公网地址 1.1.1.2 访问 ftp 服务器 Server1。

（7）测试上述配置是否达到要求。

3. 配置步骤

第一步：分别配置 ftp 服务器 Server1、主机 PC1、Client1 和 Client2 的 IP 地址、子网掩码、网关等信息。

（1）Server1 的 IP 地址为：192.168.0.1，子网掩码为： 255.255.255.0，网关为：192.168.0.254。Server1 的 FTP 服务配置如图 3-13 所示。

图 3-13　Server1 的 ftp 服务等配置情况

（2）PC1 的 IP 地址为：172.16.0.2，子网掩码为：255.255.0.0，网关为：172.16.0.254。

（3）Client1 的 IP 地址为：172.16.0.1，子网掩码为：255.255.0.0，网关为：172.16.0.254，其客户端配置信息如图 3-14 所示。

图 3-14　Client1 的客户端信息配置情况

（3）Client2 的 IP 地址为：2.2.2.1，子网掩码为：255.0.0.0，网关为：2.2.2.254，其客户端配置信息如图 3-15 所示。

图 3-15　Client2 的客户端信息配置情况

第二步：配置路由器 AR1。

<Huawei>**system-view**

[Huawei]**undo info-center enable** （关闭信息提示）

[Huawei]**sysname AR1**

[AR1]**interface g0/0/1**

[AR1-GigabitEthernet0/0/1]**ip address 2.2.2.254 8**

[AR1-GigabitEthernet0/0/1]**quit**

[AR1]**interface** g0/0/2

[AR1-GigabitEthernet0/0/2]**ip address 1.1.1.254 8**

[AR1-GigabitEthernet0/0/2]**quit**

[AR1]**ip route-static 1.0.0.0 255.0.0.0 1.1.1.8**

（以下配置静态路由，到达服务器 Server1 的数据包，其下一跳地址为 1.1.1.8。）

第三步：配置防火墙 FW1。

Username:**admin**

Password:　　　　　　　　　　　（默认密码为 Admin@123）

The password needs to be changed. Change now? [Y/N]: **y**　　//提示更改密码）

Please enter old password:　　　　（输入旧密码）

Please enter new password:　　　　（输入新密码）

Please confirm new password:　　　（确认新密码）

<USG6000V1>**system-view**　　　　（进入系统视图）

[USG6000V1]**undo info-center enable**

[USG6000V1]**sysname FW1**　　　　（将防火墙改名为 FW1）

（以下配置防火墙的各接口地址）

[FW1]**interface g1/0/1**

[FW1-GigabitEthernet1/0/1]**ip address 192.168.0.254 24**

[FW1-GigabitEthernet1/0/1]**quit**

[FW1]**interface g1/0/2**

[FW1-GigabitEthernet1/0/2]**ip address 1.1.1.1 8**

[FW1-GigabitEthernet1/0/2]**quit**

[FW1]**interface g1/0/3**

[FW1-GigabitEthernet1/0/3]**ip address 172.16.0.254 16**

[FW1-GigabitEthernet1/0/3]**quit**

（以下配置防火墙的静态路由）

[FW1]**ip route-static 2.0.0.0 255.0.0.0 1.1.1.254**

（以下在防火墙上配置黑洞路由，避免 FW1 与 AR1 之间产生路由环路。）

[FW1]ip route-static 1.1.1.2 255.255.255.255 NULL 0

[FW1]ip route-static 1.1.1.10 255.255.255.255 NULL 0

[FW1]ip route-static 1.1.1.11 255.255.255.255 NULL 0

[FW1]ip route-static 1.1.1.12 255.255.255.255 NULL 0

[FW1]ip route-static 1.1.1.13 255.255.255.255 NULL 0

[FW1]ip route-static 1.1.1.14 255.255.255.255 NULL 0

[FW1]ip route-static 1.1.1.15 255.255.255.255 NULL 0

（以下配置防火墙的 dmz 区域，并将接口 g1/0/1 加入该区域）

[FW1]**firewall zone dmz**　　　　（进入 dmz 配置视图）

[FW1-zone-dmz]add interface g1/0/1　　（将接口 g1/0/1 加入该区域）

[FW1-zone-dmz]**quit**

（以下配置防火墙的 trust 区域，并将接口 g1/0/3 加入该区域）

[FW1]**firewall zone trust**　　　　（进入 trust 配置视图）

[FW1-zone-trust]**add interface g1/0/3**　　（将接口 g1/0/3 加入该区域）

[FW1-zone-trust]**quit**

（以下配置防火墙的 untrust 区域，并将接口 g1/0/2 加入该区域）

[FW1]**firewall zone untrust**

[FW1-zone-untrust]**add interface g1/0/2**

[FW1-zone-untrust]**quit**

（以下配置公网到 ftp 服务器 server1 的目的地址转换，将公网地址 1.1.1.2 映射到私网地址 192.168.0.1，从而实现公网对 dmz 区域 ftp 服务的访问。）

[FW1]**nat server policy_ftp protocol tcp global 1.1.1.2 ftp inside 192.168.0.1 ftp no-reverse**

（创建名为 policy_ftp 的服务器 nat 策略，来自公网的目的地址为 1.1.1.2 的 ftp 数据包，将被转换为私网地址 192.168.0.1。）

（下面配置公网地址池）

[FW1]**nat address-group addressgroup1**   （创建名为 addressgroup1 的地址池）

[FW1-address-group-addressgroup1]**section 0 1.1.1.10 1.1.1.15**

（地址范围为：1.1.1.10～1.1.1.15，参数 0 表示标识号）

[FW1-address-group-addressgroup1]**quit**

（以下配置防火墙安全策略）

[FW1]**security-policy**   （进入安全策略配置视图）

[FW1-policy-security]**rule name** p1   （定义名为 p1 的规则）

[FW1-policy-security-rule-p1]**source-zone untrust**   （指定源地址为 untrust）

[FW1-policy-security-rule-p1]**destination-zone dmz**   （指定目的地址为 dmz）

[FW1-policy-security-rule-p1]**destination-address 192.168.0.0 24**

（指定目的网段为 192.168.0.0，位掩码为 24）

[FW1-policy-security-rule-p1]**action permit**

（允许来自 untrust 区域并去往 dmz 区域中 192.168.0.0/24 网段的数据包通过）

[FW1-policy-security-rule-p1]**quit**

[FW1-policy-security]

[FW1-policy-security]**rule name p2**

[FW1-policy-security-rule-p2]**source-zone trust**

[FW1-policy-security-rule-p2]**destination-zone dmz**

[FW1-policy-security-rule-p2]**destination-address 192.168.0.0 24**

[FW1-policy-security-rule-p2]**action permit**

[FW1-policy-security-rule-p2]**quit**

[FW1-policy-security]

[FW1-policy-security]**rule name p3**

[FW1-policy-security-rule-p3]**source-zone trust**

[FW1-policy-security-rule-p3]**destination-zone untrust**

[FW1-policy-security-rule-p3]**action permit**

[FW1-policy-security-rule-p3]**quit**

[FW1-policy-security]**quit**

（以下配置 nat 策略）

[FW1]**nat-policy**   （进入 nat 策略配置视图）

[FW1-policy-nat]**rule name policy_nat**   （定义名为 policy_nat 的策略）

[FW1-policy-nat-rule-policy_nat]**source-zone trust**   （源区域为 trust）

[FW1-policy-nat-rule-policy_nat]**destination-zone untrust**   （目的区域为 untrust）

[FW1-policy-nat-rule-policy_nat]**action source-nat address-group** addressgroup1 ）

（利用地址池 addressgroup1 中的地址，进行源地址转换，即凡是从内网（处于 trust

区域）出去的数据包，其源地址将被防火墙替换为地址池中的某一个地址）

[FW1-policy-nat-rule-policy_nat]**quit**

[FW1-policy-nat]**quit**

[FW1]

（在配置 nat server policy_ftp protocol tcp global 1.1.1.2 ftp inside 192.168.0.1 ftp no-reverse 时，如果不带 no-reverse 参数，则当公网用户访问内部服务器时，防火墙能将服务器的公网地址 1.1.1.2 转换成私网地址 192.168.0.1；当服务器主动访问公网时，设备也能将服务器的私网地址转换成公网地址。当配置参数 no-reverse 后，防火墙只将公网地址转换成私网地址，不能将私网地址转换成公网地址。Global 后面的地址可以是静态的 IP 地址，也可以是防火墙的接口，以实现当公网 IP 发生变化时能进行正常的 NAT 转换。）

第四步：测试。

（1）在 Client1 上（处于 trust 区域），测试能否通过服务器公网地址（1.1.1.2）登录 Server1。从图 3-16 可以看出，已经成功登录，说明如下安全策略 p2 和 nat server 已经配置成功。

[FW1-policy-security]**rule name p2**

[FW1-policy-security-rule-p2]**source-zone trust**

[FW1-policy-security-rule-p2]**destination-zone dmz**

[FW1-policy-security-rule-p2]**destination-address 192.168.0.0 24**

[FW1-policy-security-rule-p2]**action permit**

……

[FW1]**nat server policy_ftp protocol tcp global 1.1.1.2 ftp inside 192.168.0.1 ftp no-reverse**

图 3-16　Client1 通过公网地址登录 ftp 服务器 Server1

（2）在 Client1 上（处于 trust 区域），也能通过服务器 Server1 的私网地址（192.168.0.1）登录 Server1。从图 3-17 可以看出，已经成功登录，说明安全策略 p2 配置成功。

图 3-17　Client1 通过私网地址登录 ftp 服务器 Server1

（3）在 Client2 上（处于 untrust 区域），测试能否通过服务器公网地址（1.1.1.2）登录 Server1。从图 3-18 可以看出，已经成功登录，说明安全策略 p3 和 nat server 配置成功。

图 3-18　Client2 通过公网地址登录 ftp 服务器 Server1

但是，通过服务器的私有地址，不能登录到 Server1，结果如图 3-19 所示。

图 3-19　Client2 通过私网地址不能登录 ftp 服务器 Server1

（4）在防火墙 g1/0/1 口上抓取 Client2 登录 Server1（IP：1.1.1.2）的数据包。从图 3-20 可以看出，由于在防火墙上配置了 nat server policy_ftp protocol tcp global 1.1.1.2 ftp inside 192.168.0.1 ftp no-reverse，因此，经过 NAT 转换后，其数据包的目的地址已经转换为 192.168.0.1。

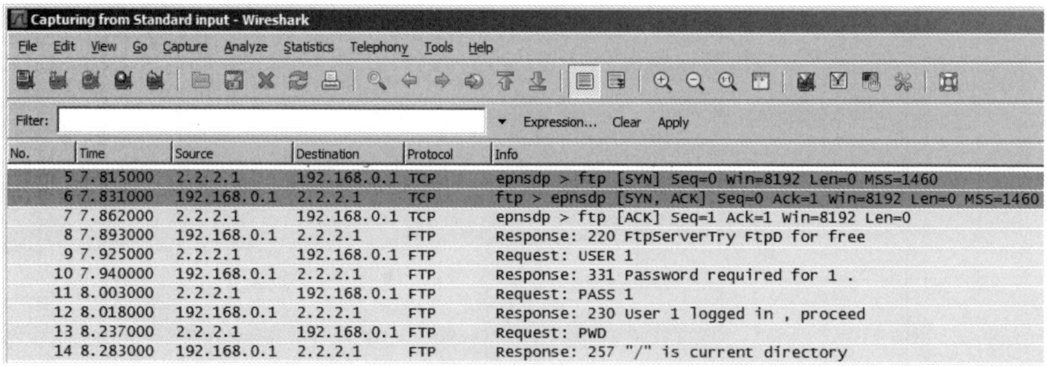

图 3-20　抓取 Client2 登录 Server1 的数据包

此外，在防火墙上利用 display firewall server-map 命令，从显示结果也可以看出，防火墙通过 nat server 转换，实现了从公网地址 1.1.1.2 到私网地址 192.168.0.1 的映射。

[FW1]**display firewall server-map**

2021-06-08 14:17:20.570

Current Total Server-map : 1

Type: Nat Server，　ANY -> 1.1.1.2:21[192.168.0.1:21]，　　Zone:---，　　protocol:tcp

Vpn: public -> public

（5）利用 ping 命令，测试 PC2 与 Client2 的连通性，从图 3-21 可以看出，PC2 发出的数据包的源地址经过防火墙后，已经转换为 NAT 地址池中的地址（1.1.1.14），说明配置成功。

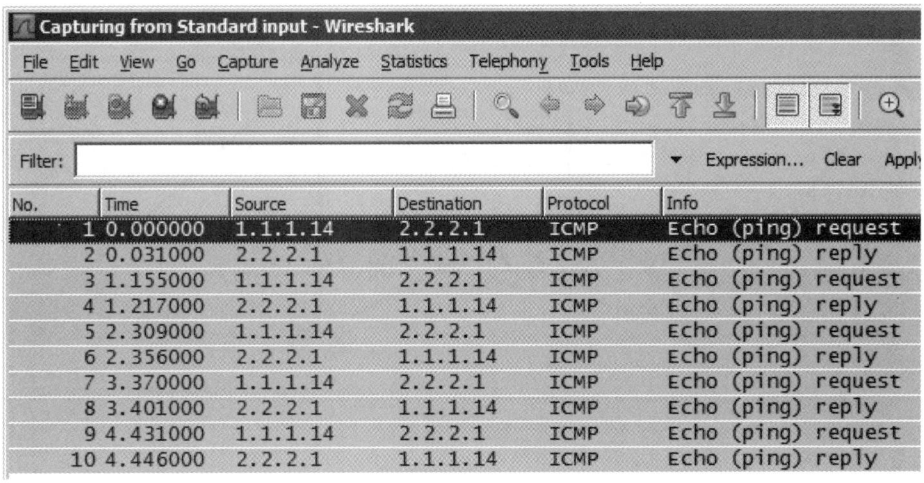

No.	Time	Source	Destination	Protocol	Info
1	0.000000	1.1.1.14	2.2.2.1	ICMP	Echo (ping) request
2	0.031000	2.2.2.1	1.1.1.14	ICMP	Echo (ping) reply
3	1.155000	1.1.1.14	2.2.2.1	ICMP	Echo (ping) request
4	1.217000	2.2.2.1	1.1.1.14	ICMP	Echo (ping) reply
5	2.309000	1.1.1.14	2.2.2.1	ICMP	Echo (ping) request
6	2.356000	2.2.2.1	1.1.1.14	ICMP	Echo (ping) reply
7	3.370000	1.1.1.14	2.2.2.1	ICMP	Echo (ping) request
8	3.401000	2.2.2.1	1.1.1.14	ICMP	Echo (ping) reply
9	4.431000	1.1.1.14	2.2.2.1	ICMP	Echo (ping) request
10	4.446000	2.2.2.1	1.1.1.14	ICMP	Echo (ping) reply

图 3-21　抓取 PC2 发往 Client2 的 ping 命令数据包

（6）通过命令 display nat address-group，查看防火墙的地址池如下，说明防火墙已经建立了地址池并且处于激活状态。

[FW1]**disp nat address-group**
2021-06-08 14:29:24.680
NAT address-group information:
Total 1 address-group（s）
nat address-group addressgroup1 0
reference count: 1
mode pat
status active
section 0 1.1.1.10 1.1.1.15

3.1.5　内容安全配置

防火墙的主要作用是防御来自外网对内网的入侵攻击，因此，在实际网络工程中，需要配置防火墙的入侵防御功能，此举属于防火墙内容安全方面的配置。下面以一个简单的例子，演示如何配置该功能，具体要求如下。

1. 拓扑结构

拓扑结构如图 3-22 所示，防火墙选择 USG6000V，路由器选择 AR3260。

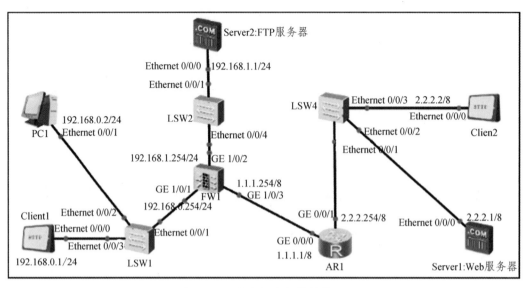

图 3-22　内容安全拓扑结构图

2. 具体要求

（1）交换机 LSW1 所在的网络区域为 trust 区域，是内网用户所处的区域。交换机 LSW2 所在的网络区域为 DMZ 区域，是内网 FTP 服务器所处的区域。路由器 AR1 所处的区域为 Untrust 区域，属于外网区域，其中服务器 Server1 为 Web 服务器。

（2）防护墙、路由器、服务器和客户机的 IP 地址规划如图 3-22 所示。

（3）外网（Untrust 区域）和内网用户（trust 区域），可以访问 FTP 服务器 Server2（DMZ 区域）。内网用户（trust 区域）可以访问 Web 服务器 Server1（Untrust 区域）。

（4）防御内网用户访问外网的 Web 服务器时受到攻击，例如，含有恶意代码的网站对内网访问用户发起攻击。

（5）防御外网用户和内网用户对 FTP 服务器 Server2 发起的攻击。

3. 配置步骤

第一步：配置防火墙。

Username:**admin**

Password:

<USG6000V1>**system-view**

[USG6000V1]**sysname FW1**

[FW1]**undo info-center enable**

（以下配置防火墙各接口 IP 地址）

[FW1]**interface g1/0/3**

[FW1-GigabitEthernet1/0/3]**ip address 1.1.1.254 8**

[FW1-GigabitEthernet1/0/3]**quit**

[FW1]**interface g1/0/2**

[FW1-GigabitEthernet1/0/2]**ip address 192.168.1.254 24**

[FW1-GigabitEthernet1/0/2]**quit**

[FW1]**interface g1/0/1**

[FW1-GigabitEthernet1/0/1]**ip address 192.168.0.254 24**

[FW1-GigabitEthernet1/0/1]**quit**

（以下配置防火墙的安全区域）

[FW1]**firewall zone trust**

[FW1-zone-trust]**add interface g1/0/1**

[FW1-zone-trust]**quit**

[FW1]**firewall zone dmz**

[FW1-zone-dmz]**add interface g1/0/2**

[FW1-zone-dmz]**quit**

[FW1]**firewall zone untrust**

[FW1-zone-untrust]**add interface g1/0/3**

[FW1-zone-untrust]**quit**

（以下配置入侵防御配置文件（内网用户访问外网 Web 服务器时，需防御网站恶意代码的攻击））

[FW1]**profile type ips name ips_pc** （创建入侵防御配置文件 ips_pc）

[FW1-profile-ips-ips_pc]**collect-attack-evidence enable** （开启攻击取证功能，系统会对命中入侵防御模板的威胁报文进行获取，管理员可以通过 Web 界面在"监控 > 日志 > 威胁日志"查看相应日志。由于是在模拟器上完成配置，使用该命令后，会提示：Error: The attack evidence collection function relies on hard disks and available only when the hard disks are installed.）

[FW1-profile-ips-ips_pc]**signature-set name filter1** （创建 IPS 签名过滤器 filter1 并进入该视图。攻击行为是因内网用户访问外网 Web 服务器而引起，攻击对象为客户端（内网用户），因此，配置签名过滤器的协议为 HTTP，目标为"客户端"，严重性为"高"。

防火墙本身提供了入侵防御特征库，其中包含了目前各种已知入侵行为的特征信息（即入侵行为的签名），防火墙会提取欲转发报文的特征，并与入侵防御特征库中的签名进行比对，如果比对成功，则认为该报文含有入侵行为，进而采取相应的处理措施。值得注意的是，在防火墙的日常应用中，需要定期更新入侵特征库。）

[FW1-profile-ips-ips_pc-sigset-filter1]**target client** （设置入侵目标为客户端）

[FW1-profile-ips-ips_pc-sigset-filter1]**severity high** （严重性被设置为"高"）

[FW1-profile-ips-ips_pc-sigset-filter1]**protocol HTTP** （签名过滤器的协议为 HTTP）

[FW1-profile-ips-ips_pc-sigset-filter1]**quit**

[FW1-profile-ips-ips_pc]**quit**

（以下配置入侵防御配置文件（防范对 FTP 服务器发起的攻击）。被攻击对象是 FTP 服务器，因此配置签名过滤器的协议为"FTP"，对象为"服务端"，严重性为"高"。）

[FW1]**profile type ips name ips_server** （创建入侵防御配置文件 ips_server）

[FW1-profile-ips-ips_server]**collect-attack-evidence enable** （开启攻击取证功能，系统会对命中入侵防御模板的威胁报文进行获取，管理员可以通过 Web 界面在"监控-> 日志-> 威胁日志"查看相应日志。）

[FW1-profile-ips-ips_server]**signature-set name filter2** （创建 IPS 签名过滤器 filter2 并进入该视图）

[FW1-profile-ips-ips_server-sigset-filter2]**target server** （设置防御目标为 server）

[FW1-profile-ips-ips_server-sigset-filter2]**severity high** （严重性被设置为"高"）

[FW1-profile-ips-ips_server-sigset-filter2]**protocol FTP** （签名过滤器协议为 FTP）

[FW1-profile-ips-ips_server-sigset-filter2]**quit**

[FW1-profile-ips-ips_server]**quit**

[FW1]

[FW1]**engine configuration commit** （必须提交上述配置文件才能生效）

（以下配置安全策略）

[FW1]**security-policy**

[FW1-policy-security]**rule name policy_sec1**

[FW1-policy-security-rule-policy_sec1]**source-zone trust**

[FW1-policy-security-rule-policy_sec1]**destination-zone untrust**

[FW1-policy-security-rule-policy_sec1]**source-address 192.168.0.1 24**

[FW1-policy-security-rule-policy_sec1]**profile ips ips_pc** （调用入侵防御配置文件）

[FW1-policy-security-rule-policy_sec1]**action permit**

[FW1-policy-security-rule-policy_sec1]**quit**

[FW1-policy-security]

[FW1-policy-security]**rule name policy_sec2**

[FW1-policy-security-rule-policy_sec2]**source-zone trust untrust**

[FW1-policy-security-rule-policy_sec2]**destination-zone dmz**

[FW1-policy-security-rule-policy_sec2]**destination-address 192.168.1.0 24**

[FW1-policy-security-rule-policy_sec2]**profile ips ips_server**　（调用入侵防御配置文件）

[FW1-policy-security-rule-policy_sec2]**action permit**

[FW1-policy-security-rule-policy_sec2]**quit**

[FW1-policy-security]**quit**

（以下配置防火墙路由）

[FW1]**ip route-static 2.0.0.0 255.0.0.0 1.1.1.1**

[FW1]**quit**

<FW1>**save**　　　（保存上述配置）

第二步：配置路由器。

<Huawei>**system-view**

[Huawei]**sysname AR1**

[AR1]undo **info-center enable**

[AR1]**interface g0/0/0**

[AR1-GigabitEthernet0/0/0]**ip address 1.1.1.1 8**

[AR1-GigabitEthernet0/0/0]**quit**

[AR1]**interface g0/0/1**

[AR1-GigabitEthernet0/0/1]**ip address 2.2.2.254 8**

[AR1-GigabitEthernet0/0/1]**quit**

[AR1]**ip route-static 192.168.1.0 24 1.1.1.254**

[AR1]**ip route-static 192.168.0.0 24 1.1.1.254**

第三步：配置服务器和客户机，可参考的 3.1.4 节，此处不再赘述。

第四步：测试。

由于使用的是模拟器，因此，不能开展真实的入侵攻击。但在真实的物理设备上，可以通过配置上述代码，再进行入侵攻击实验，从而验证配置的结果。

3.1.6　远程管理配置

对华为防火墙进行管理配置，除了可以在本地直接连接防火墙的 Console 口对其进行配置外。还可以在远程以 Telnet 登录、Web 登录或 SSH 登录的方式，对其进行配置和管理。一般情况下，对于新购买的防火墙，需要通过本地接入 Console 进行首次配置，比如更改登录密码、配置管理接口（一般为 g0/0/0）、配置安全策略、启用远程管理功能等。下面演示通过 Telnet 登录的方式，实现远程管理和配置华为防火墙。

1. 拓扑结构

防火墙远程管理配置拓扑结构如图 3-23 所示。

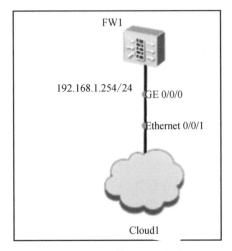

图 3-23 远程管理配置拓扑图

2. 具体要求

（1）配置模拟器环境，使其能通过本地计算机模拟远程登录防火墙。

（2）配置防火墙的接口地址和安全策略。

（3）测试能否通过 Telnet 方式远程登录防火墙。

3. 配置步骤

第一步：配置模拟器环境。

由于上述实验是在 eNSP 模拟器中完成，需要配置模拟器相关环境，方能进行远程管理测试，下面给出完整的配置过程。

（1）查看本地计算机（即安装 eNSP 模拟器的计算机）的 IP 地址，从图 3-24 中可以看出，其 IP 地址为 192.168.1.3，子网掩码为 255.255.255.0。

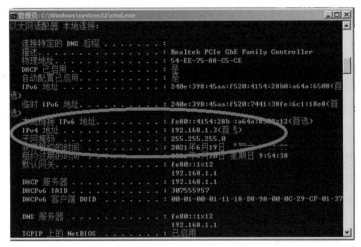

图 3-24 查看本地计算机 IP 地址

（2）配置虚拟机 Oracle VM VirtualBox。eNSP 模拟器用到的虚拟机是 Oracle VM VirtualBox，打开该虚拟机，选择："管理"→"全局设定"（图 3-25）→"网络"（图 3-26）→"仅主机（Host-Only）网络"（如图 3-27）。

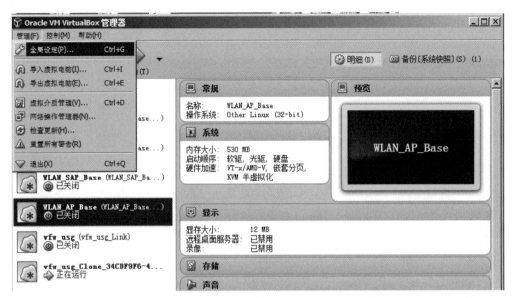

图 3-25　Oracle VM VirtualBox "管理"→"全局设定"

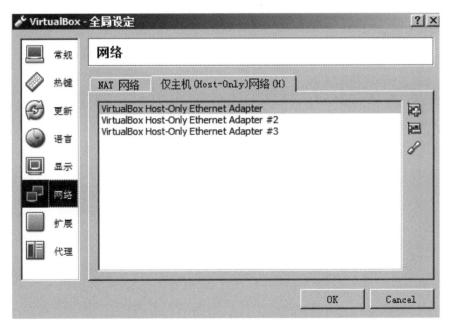

图 3-26　Oracle VM VirtualBox "管理"→"全局设定"→"网络"

然后在图 3-26 中，新增网卡 VirtualBox Host-Only Ethernet Adapter #2。

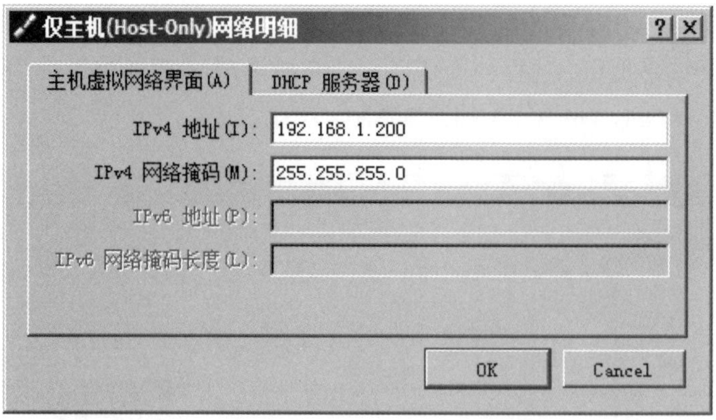

图 3-27 "管理"→"全局设定"→"网络"→"仅主机（Host-Only）网络"

在图 3-27 中，设置网卡 VirtualBox Host-Only Ethernet Adapter #2 的 IP 地址与本机同网段（本机地址为：192.168.1.3）。本例中设置 VirtualBox Host-Only Ethernet Adapter #2 的 IP 地址为 192.168.1.200/24。

接着配置边界设备（Cloud）。双击图 3-23 中的 Cloud1，弹出如图 3-28 所示界面，在图中的"端口创建"→"绑定信息"中，分别选择并增加"UDP"和"VirtualBox Host-Only Network#2-IP:192.168.1.200"；在"端口映射设置"中，选择"入端口编号"和"出端口编号"分别为"1"和"2"，最后勾选"双向通道"，单击"增加"即可。

图 3-28 配置 Cloud 端口

（3）防火墙的 g0/0/0 口默认地址是 192.168.0.1/24，注意重新设置该口地址与本地计算机同网段的地址。由于本地计算机的 IP 地址为 192.168.1.3/24，因此，防火墙的 g0/0/0 口的地址可重新设置为：192.168.1.254/24，配置命令如下：

[USG6000V1]**int g0/0/0**

[USG6000V1-GigabitEthernet0/0/0]**undo ip address 192.168.0.1 24**

[USG6000V1-GigabitEthernet0/0/0]**ip address 192.168.1.254 24**

（4）测试本地计算机（192.168.1.3/24）与防火墙 g0/0/0（192.168.1.254/24）及 VirtualBox Host-Only Ethernet Adapter #2（192.168.1.200/24）的连通性，图 3-29 说明配置成功。

图 3-29　本地计算机与防火墙 g0/0/0 口及虚拟机 Adapter #2 的连通性

（5）暂时关闭本地计算机的 Windows 防火墙，单击"确定"按钮保存设置，如图 3-30 所示。另外也可设置 Windows 防火墙允许模拟器流量通过。

图 3-30　关闭 Windows 自动防火墙

通过上述步骤，已经配置好 Ensp 模拟器相关环境，为后续在本地计算机上模拟进行的远程管理防火墙作好了前期工作。

第二步：配置防火墙。

（1）配置防火墙 g0/0/0 接口

<USG6000V1>**sys**

[USG6000V1]**undo info enable**

[FW1]**sysname FW1**

[FW1]**telnet server enable**

[FW1]**interface g0/0/0**

[FW1-GigabitEthernet0/0/0]**ip address 192.168.1.254 24**

[FW1-GigabitEthernet0/0/0]**service-manage enable**　　　（启用接口的管理功能）

[FW1-GigabitEthernet0/0/0]**service-manage telnet permit**　（允许接口的 telnet 服务）

[FW1-GigabitEthernet0/0/0]**quit**

（2）配置防火墙安全区域

[FW1]**firewall zone trust**　　　　（进入 trust 区域配置视图）

[FW1-zone-trust]**add interface g0/0/0**　　（将接口 g0/0/0 加入 trust 区域）

[FW1-zone-trust]**quit**

[FW1]**security-policy**　　　　（进入安全策略配置视图）

[FW1-policy-security]**rule name policy_telnet**　　（创建安全策略 policy_telnet）

[FW1-policy-security-rule-policy_telnet]**source-zone trust**　　（指定源区域为 trust）

[FW1-policy-security-rule-policy_telnet]**destination-zone local**　（指定目的区域为 local，即防火墙本身）

[FW1-policy-security-rule-policy_telnet]**action permit**　　（允许流量通过）

[FW1-policy-security-rule-policy_telnet]**quit**

[FW1-policy-security]**quit**

（3）配置认证模式及 Telnet 登录用户。

[FW1]**user-interface vty 0 3**　　（设置 0—3 共 4 个虚拟终端，可供 4 个用户同时登录虚拟终端操作防火墙）

[FW1-ui-vty0-4]**authentication-mode aaa**　　（启用用户登录认证的方式为 AAA）

[FW1-ui-vty0-4]**protocol inbound telnet**　　（允许来自虚拟终端的协议为 telnet）

[FW1-ui-vty0-4]**quit**

[FW1]**aaa**　　（进入 AAA 认证配置视图，AAA 是验证、授权和记账的英文简写）

[FW1-aaa]**manager-user yxc**　（设置登录的用户名为：yxc）

[FW1-aaa-manager-user-yxc]**password cipher huawei@456**　（设置登录密码 huawei@456）

[FW1-aaa-manager-user-yxc]**service-type telnet**　（设置服务的类型为 telnet）

[FW1-aaa-manager-user-yxc]**level 3**

[FW1-aaa-manager-user-yxc]**quit**

上面设置 Telnet 登录用户的权限为 3 级。0 级为参观级，可以使用网络诊断工具命令如 ping、tracert，以及通过本设备访问外部设备的命令如 Telnet 客户端、SSH 等。1级为监控级，可用于系统维护，用户可以使用 display 等命令。2 级为配置级，允许用户使用业务配置命令，包括路由、各个网络层次的命令。3 级为管理级，用户可使用操作系统基本运行的命令。

如果需要实现权限的精细管理，还可以将命令级别提升到 0~15 级，一般情况下，2 级管理员只能执行 0~2 级的命令，3 至 15 级权限的管理员可以执行所有命令。

第三步：测试。

在本地计算机的命令窗口，运行 Telnet 命令，登录 192.168.1.254，账号和密码输入成功之后，已成功登录防火墙并能对防火墙进行操作管理，如图 3-31 和图 3-32 所示。

图 3-31　输入登录地址

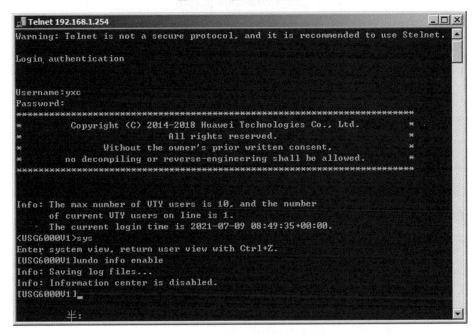

图 3-32　账号和密码输入成功

除了可以配置通过 Telnet 远程管理防火墙,还可以配置 Web 登录的方式访问防火墙,具体过程如下:

（1）配置模拟器环境，具体过程见配置 Telnet 登录访问的第一步。

（2）配置防火墙，代码如下。

[FW1]**interface g0/0/0**

[FW1-GigabitEthernet0/0/0]**ip address 192.168.1.254 24**

[FW1-GigabitEthernet0/0/0]**undo shutdown**

[FW1-GigabitEthernet0/0/0]**service-manage http permit**

[FW1-GigabitEthernet0/0/0]**service-manage https permit**

[FW1-GigabitEthernet0/0/0]**quit**

[FW1]**firewall zone trust**

[FW1-zone-trust]**add interface g0/0/0**

[FW1-zone-trust]**quit**

[FW1]**security-policy**

[FW1-policy-security]**rule name policy_web**

[FW1-policy-security-rule-policy_web]**source-zone trust**

[FW1-policy-security-rule-policy_web]**destination-zone local**

[FW1-policy-security-rule-policy_web]**action permit**

[FW1-policy-security-rule-policy_web]**quit**

[FW1-policy-security]**quit**

[FW1]**web-manage security enable**

[FW1]**aaa**

[FW1-aaa]**manager-user yxc**

[FW1-aaa-manager-user-yxc]**password**

Enter Password: （此处输入的密码不可见）

Confirm Password:

[FW1-aaa-manager-user-yxc]**service-type web**

[FW1-aaa-manager-user-yxc]**level 3**

[FW1-aaa-manager-user-yxc]**quit**

[FW1-aaa]**quit**

然后在浏览器中输入网址：https://192.168.1.254:8443（端口 8443 为防火墙默认的 web 访问端口），将出现如图 3-33 所示的页面。

图 3-33　登录提示页面

选择"高级",出现继续访问登录页面,如图 3-34 所示

图 3-34　继续访问登录页面

然后再单击"继续前往 192.168.1.254(不安全)",将出现输入用户名和密码界面,如图 3-35 所示。

图 3-35　输入用户名和密码页面

此处输入正确的用户名和密码，即可登录防火墙的快速向导页面，如图 3-36 所示。

图 3-36　快速向导页面

经过简单的设置后，即可进入防火墙的管理页面，如图 3-37 所示。

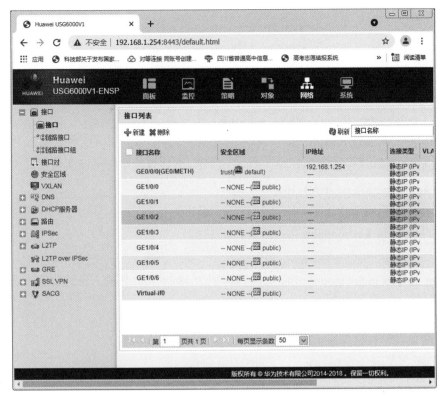

图 3-37　管理页面

需要说明的是，在远程登录访问防火墙的各种方式中，利用 SSH 方式登录防火墙的安全性最高，下面演示配置防火墙的 SSH 登录方式，具体代码如下：

<USG6000V1>**system-view**

[USG6000V1]**undo info-center enable**

[USG6000V1]**sysname FW1**

[FW1]**int g0/0/0**

[FW1-GigabitEthernet0/0/0]**ip address 192.168.1.254 24**

[FW1-GigabitEthernet0/0/0]**undo shutdown**

[FW1-GigabitEthernet0/0/0]**service-manage enable**　　（启用接口管理服务功能）

[FW1-GigabitEthernet0/0/0]**service-manage ssh permit**　　（允许接口通过 ssh 协议）

[FW1-GigabitEthernet0/0/0]**quit**

[FW1]**firewall zone trust**

[FW1-zone-trust]**add interface g0/0/0**

[FW1-zone-trust]**quit**

[FW1]**security-policy**

[FW1-policy-security]**rule name policy_ssh**

[FW1-policy-security-rule-policy_ssh]**source-zone trust**

[FW1-policy-security-rule-policy_ssh]**destination-zone local**

[FW1-policy-security-rule-policy_ssh]**action permit**

[FW1-policy-security-rule-policy_ssh]**quit**

[FW1-policy-security]**quit**

[FW1]**rsa local-key-pair create**　　　　（创建 ssh 协议登录防火墙所使用的密钥对）

The key name will be: FW1_Host

The range of public key size is （2048 ～ 2048）.

NOTES: If the key modulus is greater than 512,

　　　　it will take a few minutes.

Input the bits in the modulus[default = 2048]:2048　　　（此处输入密钥长度为 2048）

Generating keys...

..........+++++

......................++

....++++

...........++

[FW1]**user-interface vty 0 3**

[FW1-ui-vty0-3]**authentication-mode aaa**

[FW1-ui-vty0-3]**protocol inbound ssh**　　　（设置登录防火墙的协议为 ssh）

[FW1-ui-vty0-3]**quit**

[FW1]**ssh user yxc**　　　　（设置 ssh 登录用户名为 yxc）

[FW1]**ssh use**r **yxc authentication-type password**　　（设置用户 yxc 使用密码登录）

[FW1]**ssh user yxc service-type stelnet**　　（设置用户的登录类型为 stelnet）

[FW1]**aaa**

[FW1-aaa]**manager-user yxc**　　（创建防火墙的管理用户为 yxc）

[FW1-aaa-manager-user-yxc]**password cipher Huawei@456**　　（设置登录密码）

[FW1-aaa-manager-user-yxc]**service-type ssh**　　　　（设置服务类型为 ssh）

[FW1-aaa-manager-user-yxc]**level 3**

[FW1-aaa-manager-user-yxc]**quit**

[FW1-aaa]**quit**

[FW1]**stelnet server enable**　　（启用防火墙的 stelnet 服务）

[FW1]

在测试之前，先下载一款 ssh 登录软件，我们选择 Xshell 软件（下载官网为：https://www.netsarang.com/zh/），然后安装并运行该软件。在该软件命令窗口中输入命令：ssh 192.168.1.254 之后，软件会提示输入用户名和密码。在正确输入用户名和密码之后，成登录防火墙，如图 3-38 所示。

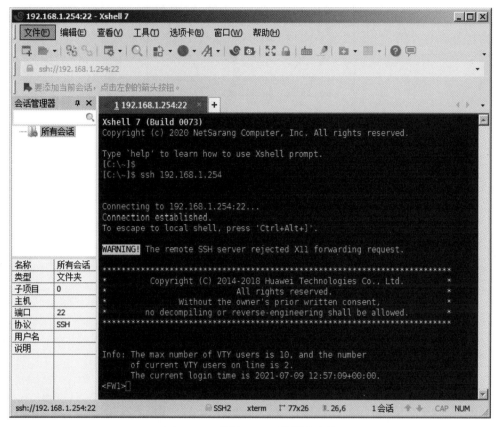

图 3-38　利用 Xshell 登录防火墙

3.1.7　IPSec VPN 配置

IPSec VPN 是指利用 IPSec（Internet Protocol Security）协议实现用户远程接入网络的 VPN（Virtual Private Networks）技术，该技术通常是在公共网络上为两个私有网络提供加密通道，以保证两个网络连接的安全性，目前已广泛应用于企事业等组织机构的总部和各分支机构之间的网络互联。通过 IPSec VPN，可以将分散在各地的分支机构和总部连接起来，实现组织机构内部的安全通信和资源共享。下面以一个具体的实例，演示如何配置华为防火墙的 VPN 功能，以实现两个网络之间的安全通信。

1. 拓扑结构

网络拓扑结构如图 3-39 所示。

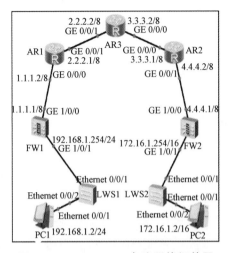

图 3-39 IPSec VPN 实验网络拓扑图

2. 具体要求

（1）配置防火墙各接口地址、安全区域和安全策略。

（2）配置防火墙的 IPSec VPN。

（3）配置路由器各接口地址和 OSPF 协议。

（4）测试 PC1 和 PC2 是否通过 IPSec VPN 连通。

3. 配置步骤

第一步：配置防火墙 FW1、FW2。

（1）配置 FW1。

<USG6000V1>**system-view**

[USG6000V1]**undo info enable**

[USG6000V1]**sysname FW1**

（以下配置防火墙接口地址）

[FW1]**interface g1/0/0**

[FW1-GigabitEthernet1/0/0]**ip address 1.1.1.1 8**

[FW1-GigabitEthernet1/0/0]**quit**

[FW1]**interface g1/0/1**

[FW1-GigabitEthernet1/0/1]**ip address 192.168.1.254 24**

（以下配置防火墙安全区域）

[FW1-GigabitEthernet1/0/1]**firewall zone trust**

[FW1-zone-trust]**add interface g1/0/1**

[FW1-zone-trust]**quit**

[FW1]**firewall zone untrust**

[FW1-zone-untrust]**add interface g1/0/0**

[FW1-zone-untrust]**quit**

（以下配置安全区域安全策略）

（配置从 trust 到 Untrust 区域的安全策略）

[FW1]**security-policy**

[FW1-policy-security]**rule name policy-Trust2Untrust**

[FW1-policy-security-rule-policy-Trust2Untrust]**source-zone trust**　　（源区域为 Trust）

[FW1-policy-security-rule-policy-Trust2Untrust]**destination-zone untrust**　（目标区域为 untrust）

[FW1-policy-security-rule-policy-Trust2Untrust]**source-address 192.168.1.0 24**　（源地址为本地内网的网络地址）

[FW1-policy-security-rule-policy-Trust2Untrust]**destination-address 172.16.1.0 16**　（目的地址为对端内网的网络地址）

[FW1-policy-security-rule-policy-Trust2Untrust]**action permit**　　（允许通过）

[FW1-policy-security-rule-policy-Trust2Untrust]**quit**

（以下配置从 Untrust 区域到 trust 区域的策略）

[FW1-policy-security]**rule name policy-Unrust2trust**

[FW1-policy-security]**rule name policy-Unrust2trust**

[FW1-policy-security-rule-policy-Unrust2trust]**source-zone untrust**

[FW1-policy-security-rule-policy-Unrust2trust]**destination-zone trust**

[FW1-policy-security-rule-policy-Unrust2trust]**source-address 172.16.1.0 16**

[FW1-policy-security-rule-policy-Unrust2trust]d**estination-address 192.168.1.0 24**

[FW1-policy-security-rule-policy-Unrust2trust]**action permit**

[FW1-policy-security-rule-policy-Unrust2trust]**quit**

（以下配置从 local 区域到 untrust 区域的策略）

[FW1-policy-security]**rule name policy-Local2Untrust**

[FW1-policy-security-rule-policy-Local2Untrust]**source-zone local**

[FW1-policy-security-rule-policy-Local2Untrust]**destination-zone untrust**

[FW1-policy-security-rule-policy-Local2Untrust]**source-address 1.1.1.1 32**

[FW1-policy-security-rule-policy-Local2Untrust]**destination-address 4.4.4.1 32**

[FW1-policy-security-rule-policy-Local2Untrust]**action permit**

[FW1-policy-security-rule-policy-Local2Untrust]**quit**

（以下配置从 untrust 区域到 local 区域的策略）

[FW1-policy-security]**rule name policy-Untrust2Local**

[FW1-policy-security-rule-policy-Untrust2Local]**source-zone untrust**

[FW1-policy-security-rule-policy-Untrust2Local]**destination-zone local**

[FW1-policy-security-rule-policy-Untrust2Local]**source-address 4.4.4.1 32**

[FW1-policy-security-rule-policy-Untrust2Local]**destination-address 1.1.1.1 32**

[FW1-policy-security-rule-policy-Untrust2Local]**action permit**

[FW1-policy-security-rule-policy-Untrust2Local]**quit**

[FW1-policy-security]**quit**

（以上配置 Local 和 Untrust 域间安全策略的目的，是允许 IPSec 隧道两端设备能相互通信，以便能够进行隧道协商。）

（以下配置防火墙静态路由）

[FW1]**ip route-static 0.0.0.0 0.0.0.0 1.1.1.2**

（以下配置防火墙的访问控制列表）

[FW1]**acl 3001**

[FW1-acl-adv-3001]**rule permit ip source 192.168.1.0 0.0.0.255 destination 172.16.1.0 0.0.255.255**　　　（允许 192.168.1.0 网段访问 172.16.1.0 网段）

[FW1-acl-adv-3001]**quit**

（以下配置 IPSec 安全提议。IPSec 安全提议（proposal）是安全策略的组成部分，定义了 IPSec 的保护方法，用于保存 IPSec 使用的安全协议、认证/加密算法以及数据的封装模式，为 IPSec 协商安全关联提供各种安全参数。）

[FW1]**ipsec proposal p1**　　　（配置 IPSec 安全提议 p1）

[FW1-ipsec-proposal-p1]**esp authentication-algorithm sha2-256**　　（设置 ESP 协议使用的认证算法为 sha2-256）

[FW1-ipsec-proposal-p1]**esp encryption-algorithm aes-256**　　（设置 ESP 协议使用的加密算法为 aes-256）

[FW1-ipsec-proposal-p1]**quit**

（以下配置 VPN 两端的密钥交换（ike）安全提议）

[FW1]**ike proposal 20**　　（创建 IKE（密钥交换协议）安全提议 20，并进入该视图）

[FW1-ike-proposal-20]**authentication-method pre-share**　　（设置认证模式为预共享密钥（pre-share））

[FW1-ike-proposal-20]**authentication-algorithm sha2-256**　　（设置认证算法为 sha2-256）

[FW1-ike-proposal-20]**prf hmac-sha2-256**　　　（设置伪随机数产生算法为 hmac-sha2-256）

[FW1-ike-proposal-20]**encryption-algorithm aes-256**　　（设置加密算法为 aes-256）

[FW1-ike-proposal-20]**dh group14**　　　（设置密钥交换为 group14（即 2048 位 Diffie-Hellman 组）

[FW1-ike-proposal-20]**integrity-algorithm hmac-sha2-256**　　（设置数据完整性算法为 hmac-sha2-256）

[FW1-ike-proposal-20]**quit**

（以下配置对等体（即 VPN 的另一端）及其地址、预共享密钥方式等）

[FW1]**ike peer b**　　　　（设置密钥协商的对端为 b）

[FW1-ike-peer-b]**ike-proposal 20**　　（配置安全提议为 20）

[FW1-ike-peer-b]**remote-address 4.4.4.1**　　（设置对等体的地址为 4.4.4.1）

[FW1-ike-peer-b]**pre-shared-key Huawei@123**　　（设置预共享密钥为 Huawei@123）

[FW1-ike-peer-b]**quit**

（以下配置 IPSec 策略）

[FW1]**ipsec policy map1 20 isakmp**　　　　　　　　（创建 isakmp 方式的 IPSec 安全策略，该方式直接在 IPSec 安全策略视图中定义需要协商的各参数，发起方和响应方的参数必须配置相同，双方既可以作为发起方，也可以作为响应方。）

[FW1-ipsec-policy-isakmp-map1-20]**security acl 3001**　　（应用 ACL3001）

[FW1-ipsec-policy-isakmp-map1-20]**proposal p1**　　（应用提议 p1）

[FW1-ipsec-policy-isakmp-map1-20]**ike-peer b**　　　　（ike 的对端为 b）

[FW1-ipsec-policy-isakmp-map1-20]**quit**

（以下在 g1/0/0 接口上应用 IPSec 策略 map1）

[FW1]**interface g1/0/0**

[FW1-GigabitEthernet1/0/0]**ipsec policy map1**

[FW1-GigabitEthernet1/0/0]**quit**

（2）配置防火墙 FW2

<USG6000V1>**system-view**

[USG6000V1]**undo info enable**

[USG6000V1]**sysname FW2**

（以下配置防火墙接口地址）

[FW2]**interface g1/0/1**

[FW2-GigabitEthernet1/0/1]**ip address 172.16.1.254 16**

[FW2-GigabitEthernet1/0/1]**quit**

[FW2]**interface g1/0/0**

[FW2-GigabitEthernet1/0/0]**ip address 4.4.4.1 8**

[FW2-GigabitEthernet1/0/0]**quit**

（以下配置安全区域）

[FW2]**firewall zone trust**

[FW2-zone-trust]**add interface g1/0/1**

[FW2-zone-trust]**quit**

[FW2]**firewall zone untrust**

[FW2-zone-untrust]**add interface g1/0/0**

[FW2-zone-untrust]**quit**

（以下配置安全区域策略）

（设置从 trust 区域到 Untrust 区域的安全策略）

[FW2]**security-policy**

[FW2-policy-security]**rule name policy-Trust2Untrust**

[FW2-policy-security-rule-policy-Trust2Untrust]**source-zone trust**　　（源区域为 trust）

[FW2-policy-security-rule-policy-Trust2Untrust]**destination-zone untrust**　　（目的区域为 untrust）

[FW2-policy-security-rule-policy-Trust2Untrust]**source-address 172.16.1.0 16**（源地址为本地内网的网络地址）

[FW2-policy-security-rule-policy-Trust2Untrust]**destination-address 192.168.1.0 24**（目的地址为对端内网的网络地址）

[FW2-policy-security-rule-policy-Trust2Untrust]**action permit**　　　　（设置为允许）

[FW2-policy-security-rule-policy-Trust2Untrust]**quit**

（以下设置从 Untrust 区域到 trust 区域的策略）

[FW2-policy-security]**rule name policy-Untrust2Trust**

[FW2-policy-security-rule-policy-Untrust2Trust]**source-zone　untrust**　　（源区域为 untrust）

[FW2-policy-security-rule-policy-Untrust2Trust]**destination-zone trust**　　（目的区域为 trust）

[FW2-policy-security-rule-policy-Untrust2Trust]**source-address 192.168.1.0 24**　（源地址为对端内网的网络地址）

[FW2-policy-security-rule-policy-Untrust2Trust]**destination-address 172.16.1.0 16**　　（目的地址为本地内网的网络地址）

[FW2-policy-security-rule-policy-Untrust2Trust]**action permit**

[FW2-policy-security-rule-policy-Untrust2Trust]**quit**

（以下设置从 local 区域到 Untrust 区域的策略）

[FW2-policy-security]**rule name policy-Local2Untrust**

[FW2-policy-security-rule-policy-Local2Untrust]**destination-zone untrust**

[FW2-policy-security-rule-policy-Local2Untrust]**source-zone local**

[FW2-policy-security-rule-policy-Local2Untrust]**destination-zone untrust**

[FW2-policy-security-rule-policy-Local2Untrust]**source-address 4.4.4.1 32**

[FW2-policy-security-rule-policy-Local2Untrust]**destination-address 1.1.1.1 32**

[FW2-policy-security-rule-policy-Local2Untrust]**action permit**

[FW2-policy-security-rule-policy-Local2Untrust]**quit**

（以下设置从 Untrust 区域到 local 区域的策略）

[FW2-policy-security]**rule name policy-Untrust2Local**

[FW2-policy-security-rule-policy-Untrust2Local]**source-zone untrust**

[FW2-policy-security-rule-policy-Untrust2Local]**destination-zone local**

[FW2-policy-security-rule-policy-Untrust2Local]**source-address 1.1.1.1 32**

[FW2-policy-security-rule-policy-Untrust2Local]**destination-address 4.4.4.1 32**

[FW2-policy-security-rule-policy-Untrust2Local]**action permit**

[FW2-policy-security-rule-policy-Untrust2Local]**quit**

[FW2-policy-security]**quit**

（以下配置防火墙的静态路由）

[FW2]**ip route-static 0.0.0.0 0.0.0.0 4.4.4.2**

（以下配置 ACL）

[FW2]**acl** 3001

[FW2-acl-adv-3001]**rule   permit   ip   source   172.16.1.0   0.0.255.255   destination** **192.168.1.0 0.0.0.255**

[FW2-acl-adv-3001]**quit**

[FW2]**ipsec proposal p1**

[FW2-ipsec-proposal-p1]**esp authentication-algorithm sha2-256**

[FW2-ipsec-proposal-p1]**esp encryption-algorithm aes-256**

[FW2-ipsec-proposal-p1]**quit**

[FW2]**ike proposal 20**

[FW2-ike-proposal-20]**authentication-method pre-share**

[FW2-ike-proposal-20]**authentication-algorithm sha2-256**

[FW2-ike-proposal-20]**prf hmac-sha2-256**

[FW2-ike-proposal-20]**encryption-algorithm aes-256**

[FW2-ike-proposal-20]**dh group14**

[FW2-ike-proposal-20]**integrity-algorithm hmac-sha2-256**

[FW2-ike-proposal-20]**quit**

[FW2]**ike peer a**

[FW2-ike-peer-a]**ike-proposal 20**

[FW2-ike-peer-a]**remote-address 1.1.1.1**

[FW2-ike-peer-a]**pre-shared-key Huawei@123**

[FW2-ike-peer-a]**quit**

[FW2]**ipsec policy map1 20 isakmp**

[FW2-ipsec-policy-isakmp-map1-20]**security acl 3001**

[FW2-ipsec-policy-isakmp-map1-20]**proposal   p1**

[FW2-ipsec-policy-isakmp-map1-20]**ike-peer a**

[FW2-ipsec-policy-isakmp-map1-20]**quit**

[FW2]**int g1/0/0**

[FW2-GigabitEthernet1/0/0]**ipsec policy map1**

[FW2-GigabitEthernet1/0/0]**quit**

第二步：配置路由器。

（1）配置路由器 R1（AR1）。

<Huawei>**system-view**

[Huawei]**undo info enable**

[Huawei]**sysname** R1

[R1]**interface g0/0/0**

[R1-GigabitEthernet0/0/0]**ip address 1.1.1.2 8**

[R1-GigabitEthernet0/0/0]**quit**

[R1]**interface g0/0/1**

[R1-GigabitEthernet0/0/1]**ip address 2.2.2.1 8**

[R1-GigabitEthernet0/0/1]**quit**

[R1]**ospf 1 router-id 1.1.1.1**

[R1-ospf-1]**area 0**

[R1-ospf-1-area-0.0.0.0]**network 1.0.0.0 0.255.255.255**

[R1-ospf-1-area-0.0.0.0]**network 2.0.0.0 0.255.255.255**

[R1-ospf-1-area-0.0.0.0]**quit**

[R1-ospf-1]**quit**

[R1]

（2）配置路由器 R2（AR2）。

<Huawei>**sys**

[Huawei]**undo info en**

[Huawei]**sysname R2**

[R2]**int g0/0/0**

[R2-GigabitEthernet0/0/0]**ip add 3.3.3.1 8**

[R2-GigabitEthernet0/0/0]**quit**

[R2]**int g0/0/1**

[R2-GigabitEthernet0/0/1]**ip add 4.4.4.2 8**

[R2-GigabitEthernet0/0/1]**quit**

[R2]**ospf 1 router-id 2.2.2.2**

[R2-ospf-1]**area 0**

[R2-ospf-1-area-0.0.0.0]**network 4.0.0.0 0.255.255.255**

[R2-ospf-1-area-0.0.0.0]**network 3.0.0.0 0.255.255.255**

[R2-ospf-1-area-0.0.0.0]**quit**

[R2-ospf-1]**quit**

[R2]

（3）配置路由器 R3（AR3）。

<Huawei>**system-view**

[Huawei]**sysname R3**

[R3]**int g0/0/1**

[R3-GigabitEthernet0/0/1]**ip address 2.2.2.2 8**

[R3-GigabitEthernet0/0/1]**quit**

[R3]**int g0/0/0**

[R3-GigabitEthernet0/0/0]**ip address 3.3.3.2 8**

[R3-GigabitEthernet0/0/0]**quit**

[R3]**ospf 1 router-id 3.3.3.3**

[R3-ospf-1]**area 0**

[R3-ospf-1-area-0.0.0.0]**network 2.0.0.0 0.255.255.255**

[R3-ospf-1-area-0.0.0.0]**network 3.0.0.0 0.255.255.255**

[R3-ospf-1-area-0.0.0.0]**quit**

[R3-ospf-1]**quit**

[R3]

第三步：配置 PC1 和 PC2。

PC1 和 PC2 的 IP 地址如拓扑图 3-39 所示，PC1 的网关设置为：192.168.1.254，PC2 的网关设置为：172.16.1.254。

第四步：测试。

（1）利用 ping 命令测试 PC1 和 PC2 的连通性，结果如图 3-40 和图 3-41 所示，结果表明 PC1 和 PC2 已经连通。

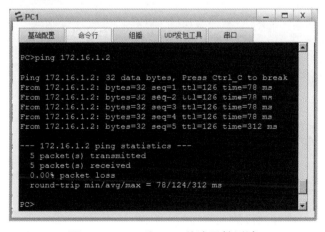

图 3-40　PC1 和 PC2 的连通性测试

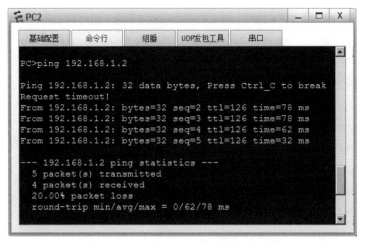

图 3-41　PC2 和 PC1 的连通性测试

（2）利用 display firewall session table 命令，查看防火墙 FW1 和 FW2 的连接会话，结果如图 3-42、图 3-43 所示，表明已经成功建立 IPSec VPN。

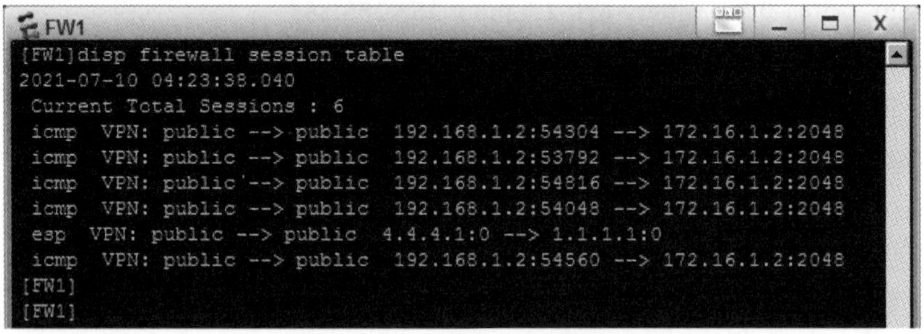

图 3-42　FW1 的 VPN 连接情况

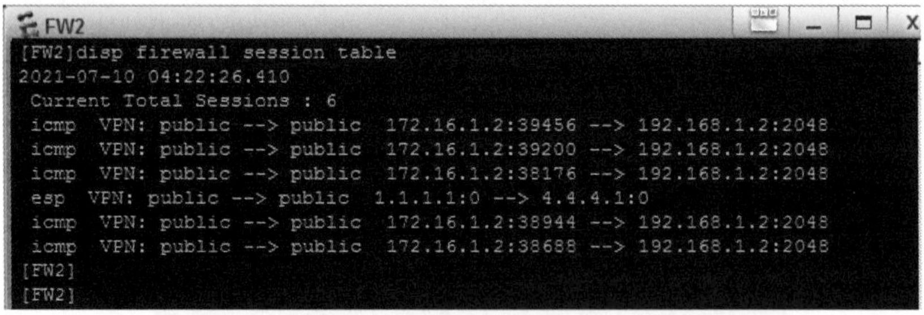

图 3-43　FW2 的 VPN 连接情况

3.1.8　流量管理配置

为了对内网用户的上网流量、访问内容等进行控制，保障某些关键应用业务的网络带宽，同时限制员工的某些与工作无关业务的网络服务，可以对防火墙进行配置，达到控制网络流量和上网内容的目的。

1. 拓扑结构

流量管理配置拓扑结构如图 3-44 所示。

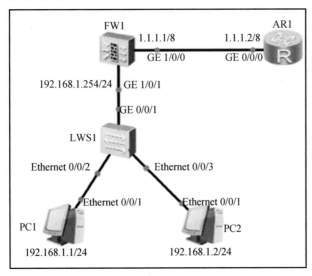

图 3-44 流量管理配置拓扑图

2. 具体要求

（1）设置防火墙各接口地址，如图 3-44 所示。

（2）配置防火墙安全区域，接口 g1/0/1 为 trust 区域（内网），g1/0/0 为 untrust 区域。

（3）假设网络出口带宽为 500M，通过配置防火墙，可：① 限制用户上网娱乐等业务最大带宽不超过 50 Mb/s，并限制最大在线数不超过 500。② 员工的邮件发送、资料搜索等应用在正常工作期间（工作日 8:30—18:00）的带宽不低于 400 Mb/s。

（4）测试。

3. 配置步骤

第一步：配置防火墙各接口和安全区域。

\<USG6000V1\>**system-view**

[USG6000V1]**undo info enable**

[USG6000V1]**sysname FW1**

（以下配置防火墙各接口地址）

[FW1]**int g1/0/1**

[FW1-GigabitEthernet1/0/1]**ip address 192.168.1.254 24**

[FW1-GigabitEthernet1/0/1]**quit**

[FW1]**int g1/0/0**

[FW1-GigabitEthernet1/0/0]**ip address 1.1.1.1 8**

[FW1-GigabitEthernet1/0/0]**quit**

（以下配置防火墙安全区域）

[FW1]**firewall zone trust**

[FW1-zone-trust]**add interface g1/0/1**

[FW1-zone-trust]**quit**

[FW1]**firewall zone untrust**

[FW1-zone-untrust]**add interface g1/0/0**

[FW1-zone-untrust]**quit**

（以下配置区域安全策略，允许从 trust 区域到 untrust 区域）

[FW1]**security-policy**

[FW1-policy-security]**rule name trustTOuntrust**

[FW1-policy-security-rule-trustTOuntrust]**source-zone trust**

[FW1-policy-security-rule-trustTOuntrust]**destination-zone untrust**

[FW1-policy-security-rule-trustTOuntrust]**action permit**

[FW1-policy-security-rule-trustTOuntrust]**quit**

[FW1-policy-security]**quit**

（以下配置防火墙 NAT，内网流量经由防火墙 NAT 后访问外网）

[FW1]**nat-policy**

[FW1-policy-nat]**rule name policy-nat**

[FW1-policy-nat-rule-policy-nat]**source-address 192.168.1.0 24**

[FW1-policy-nat-rule-policy-nat]**destination-zone untrust**

[FW1-policy-nat-rule-policy-nat]**action source-nat easy-ip**

[FW1-policy-nat-rule-policy-nat]**quit**

[FW1-policy-nat]**quit**

[FW1]

（以下配置工作时间）

[FW1]**time-range work-time**

[FW1-time-range-work-time]**period-range 08:30:00 to 18:00:00 working-day**　（working-day 代表周一到周五）

[FW1-time-range-work-time]**quit**

（以下配置防火墙出口带宽和最大同时连接数）

[FW1]**traffic-policy**　　　（进入流量配置视图）

[FW1-policy-traffic]**profile profile-entertainment** （配置带宽限制文件）

[FW1-policy-traffic-profile-profile-entertainment]**bandwidth   maximum-bandwidth whole both 50000** （设置最大带宽为 50 Mb/s）

[FW1-policy-traffic-profile-profile-entertainment]**bandwidth   connection-limit   whole both 500**

（设置同时最大连接数为 500）

[FW1-policy-traffic-profile-profile-entertainment]**quit**

[FW1-policy-traffic]**rule   name   policy_entertainment** （设置名为 policy_entertainment 的规则）

[FW1-policy-traffic-rule-policy_entertainment]**source-zone trust**

[FW1-policy-traffic-rule-policy_entertainment]**destination-zone untrust**

[FW1-policy-traffic-rule-policy_entertainment]**application   category   entertainment** （设置业务的类型为 entertainment（即娱乐））

[FW1-policy-traffic-rule-policy_entertainment]**action   qos   profile   profile-entertainment** （引用带宽限定文件 profile-entertainment）

[FW1-policy-traffic-rule-policy_entertainment]**quit**

[FW1-policy-traffic]**profile profile_business** （配置办公业务文件）

[FW1-policy-traffic-profile-profile_business]**bandwidth guaranteed-bandwidth whole both 400000** （设置带宽不低于 400Mb/s）

[FW1-policy-traffic-profile-profile_business]**quit**

[FW1-policy-traffic]**rule name policy_business** （设置名为 policy_business 的规则）

[FW1-policy-traffic-rule-policy_ business]**source-zone trust**

[FW1-policy-traffic-rule-policy_ business]**destination-zone untrust**

[FW1-policy-traffic-rule-policy_ business]**application   app   Webmail_sina   outlook baidu** （设置办公业务的应用程序为 Webmail_sina、outlook 和 baidu，即这三者应用可以享有不低于 400Mb/s 的带宽。）

[FW1-policy-traffic-rule-policy_ business]**time-range work-time** （引用前面定义的工作时间 work-time）

[FW1-policy-traffic-rule-policy_ business]**action qos profile profile_business** （引用办公应用配置文件 profile_business）

[FW1-policy-traffic-rule-policy_ business]**quit**

[FW1-policy-traffic]**quit**

[FW1]

第二步：配置路由器和 PC 机（略）。

第三步：测试。

由于使用模拟器完成上述实验，不便测试，请硬件条件具备的读者，在物理设备上测试上述配置。

3.1.9 安全防护配置

防御来自外网对内网发起的攻击是防火墙的一个主要功能，配置防御攻击相对简单，此处省略拓扑结构和配置要求，给出主要命令，如下：

<USG6000V1>**system-view**

[USG6000V1]**undo info enable**

[USG6000V1]**sysname FW1**

[FW1]**firewall defend action discard**　　　　　（丢弃所有的攻击数据包）

[FW1]**firewall defend arp-flood interface g1/0/1**　　（在接口 g1/0/1 上开启 arp-flood 攻击防御）

[FW1]**firewall defend ping-of-death enable**　　　（开启 ping-of-death 攻击防御）

[FW1]**firewall defend source-route enable**　　　（开启 source-route 攻击防御）

[FW1]**firewall defend syn-flood enable**　　　　（开启 syn-flood 攻击防御）

[FW1]**firewall defend icmp-flood enable**　　　　（开启 icmp-flood 攻击防御）

（eNSP 模拟器中的华为防火墙 USG6000V，其防御攻击类型如下：）

arp-flood	Indicate the ARP flood attack
fraggle	fraggle attack
icmp-redirect	icmp redirect attack
icmp-unreachable	icmp unreachable packet attack
ip-fragment	ip fragment attack
ip-spoofing	ip address spoofing
ip-sweep	ip sweep attack
ipcar	Indicate the rate limit per IP address
ipv6-extend-header	Indicate the IPV6 extension header
land	land attack
large-icmp	large icmp packets attack
log-time	Log time（second）
ping-of-death	ping of death attack
port-scan	port scan attack

route-record	ip route record option
smurf	smurf attack
source-route	ip source route option
tcp	Indicate the Transmission Control Protocol （6）
tcp-flag	tcp packet flag attack
tcp-timestamp	Indicate Tcp-timestamp option
teardrop	teardrop attack
time-stamp	time stamp attack
tracert	trace route attack
udp-flood	udp flood attack
winnuke	winnuke attack

由于是在模拟环境中配置防火墙，不便于测试攻击防御，请具备条件的读者在真实设备上进行攻击测试。但在真实的网络工程应用中，应当仔细分析攻击的主要来源和类型，根据具体情况配置防火墙的攻击防御类型，因为如果配置不当，容易导致防火墙将正常的数据包当作攻击数据包丢弃，从而影响到正常业务和网络性能。例如防火墙有GRE 应用时，如果 GRE 报文在网络中有分片情况，则分片报文很可能会满足 teardrop攻击的检测条件而被丢弃，从而导致正常业务出现异常的情况。

3.1.10 虚拟系统隔离配置

目前，将硬件设备虚拟化是网络技术发展的一大趋势。华为防火墙的虚拟化技术，可以把一台物理防火墙从逻辑上划分为多台虚拟防火墙，它们共享物理防火墙的所有资源，如 CPU、内存等，但是每一台虚拟防火墙拥有独立的物理接口、虚拟接口，拥有独立的系统管理员、用户和用户组，独立的安全域、网络、安全日志、审计日志等，以及独立的安全策略、NAT 策略、认证策略，并享有独立的网络服务等。

通过把物理防火墙虚拟化，能为不同的网络用户配置其所需的资源，实现不同的安全策略，达到物理防火墙的最大化利用和网络简单化部署，并增强系统的安全性和可靠性，以及节约网络建设成本等目的。下面以华为防火墙 USG6000V 为例，演示其虚拟化功能实现，从而达到隔离和保护多个内网的目的。

1. 拓扑结构

防火墙虚拟系统配置拓扑结构，如图 3-45 所示。

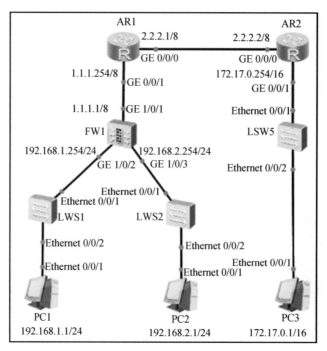

图 3-45　防火墙虚拟系统配置拓扑图

2. 具体要求

（1）配置防火墙 FW1、路由器 AR1、AR2 的各接口地址（如图 3-45 所示）及其静态路由。

（2）将物理防火墙 FW1 虚拟化为 va 和 vb 两台防火墙，使得 PC1 所处的网络（192.168.1.0/24）受 va 保护，PC2 所处的网络（192.168.2.0/24）受 vb 的保护。

（3）配置虚拟防火墙 va 和 vb 的安全区域、安全策略等，使得 PC1 和 PC2 所处的网络互不连通，但 PC1、PC2 均能和 PC3 通信（假定 PC3 所处的网络为 Internet，其地址为 172.17.0.1/16）。

（4）测试 PC1、PC2 的连通性，以及与 PC3 的连通性。

3. 配置步骤

第一步：配置防火墙。

<USG6000V1>**system-view**

[USG6000V1]**undo info enable**

[USG6000V1]**sysname FW1**

[FW1]**vsys enable**　　　　　　（启用防火墙虚拟系统）

（以下创建虚拟防火墙所需的资源清单）

[FW1]**resource-class res1**　　　　（资源清单名为 res1）

[FW1-resource-class-res1]**resource-item-limit　　session　　reserved-number　　100**

maximum 200 （设置保证的会话数量为 100，最大会话量为 200）

　　[FW1-resource-class-res1]**resource-item-limit policy reserved-number 20** （设置保证的策略数为 20）

　　[FW1-resource-class-res1]**resource-item-limit user reserved-number 10** （设置保证的用户数为 10）

　　[FW1-resource-class-res1]**resource-item-limit user-group reserved-number 5** （设置保证的用户组数为 5）

　　[FW1-resource-class-res1]**resource-item-limit bandwidth 5 entire** （设置带宽为 5M，注意，根据防火墙的性能，在实际应用中，其带宽远不止 5M ）

　　[FW1-resource-class-res1]**quit**

　　（以下配置防火墙的物理接口 g1/0/1 和虚拟接口 virtual-if 0 的 IP 地址）

　　[FW1]**interface g1/0/1**

　　[FW1-GigabitEthernet1/0/1]**ip address 1.1.1.1 8**

　　[FW1-GigabitEthernet1/0/1]**quit**

　　[FW1]**interface virtual-if 0**

　　[FW1-Virtual-if0]**ip address 172.16.0.1 16**

　　[FW1-Virtual-if0]**quit**

　　（以下配置防火墙的安全区域）

　　[FW1]**firewall zone untrust**

　　[FW1-zone-untrust]**add interface g1/0/1**

　　[FW1-zone-untrust]**quit**

　　[FW1]

　　[FW1]**firewall zone trus**t

　　[FW1-zone-trust]**a**dd interface virtual-if 0** （将虚拟接口 virtual-if 0 加入 trust 区域）

　　[FW1-zone-trust]**quit**

　　[FW1]

　　（以下配置虚拟防火墙 va 和 vb）

　　[FW1]**vsys name va** （创建虚拟防火墙 va）

　　[FW1-vsys-va]**assign resource-class res1** （按 res1 为 va 分配所需资源）

　　[FW1-vsys-va]**assign interface g1/0/2** （为 va 分配物理接口 g1/0/2）

　　[FW1-vsys-va]**quit**

　　[FW1]

　　[FW1]**vsys name vb** （创建虚拟防火墙 vb）

　　[FW1-vsys-vb]**assign resource-class res1** （按 res1 为 vb 分配所需资源）

　　[FW1-vsys-vb]**assign interface g1/0/3** （为 va 分配物理接口 g1/0/3）

　　[FW1-vsys-vb]**quit**

（以下配置防火墙的静态路由）

[FW1]**ip route-static 0.0.0.0 0.0.0.0 1.1.1.254**　　（配置缺省路由，其网关为
1.1.1.254）

[FW1]**ip route-static 192.168.1.0 24 vpn-instance va**　　（设置到达网段 192.168.1.0/24
（PC1 所在的网段）的路由，要经由虚拟防火墙 va 的 vpn 实例（vpn-instance），因为当
创建防火墙的虚拟系统时，会自动生成 vpn 实例，当然管理员也可以利用命令 ip
vpn-instance 手工配置 vpn 实例。）

[FW1]**ip route-static 192.168.2.0 24 vpn-instance vb**　　（设置到达网段 192.168.2.0/24
（PC2 所在的网段）的路由，要经由虚拟防火墙 vb）

（以下配置防火墙的安全策略，允许从 trust 区域到 untrust 区域的流量通过）

[FW1]**security-policy**

[FW1-policy-security]**rule name policy-internet**

[FW1-policy-security-rule-policy-internet]**source-zone trust**

[FW1-policy-security-rule-policy-internet]**destination-zone untrust**

[FW1-policy-security-rule-policy-internet]**action permit**

[FW1-policy-security-rule-policy-internet]**quit**

[FW1-policy-security]**quit**

[FW1]

（防火墙只有一个出口地址（g1/0/1）到外网（Internet），内网的所有主机访问外网
均需由防火墙该接口进行 NAT 转换，以下配置防火墙的 NAT 转换。）

[FW1]**nat-policy**

[FW1-policy-nat]**rule name policy-nat**

[FW1-policy-nat-rule-policy-nat]**source-zone trust**

[FW1-policy-nat-rule-policy-nat]**egress-interface g1/0/1**

[FW1-policy-nat-rule-policy-nat]**source-address 192.168.0.0 16**　　（由于内网地址为
192.168.X.X/24，其中的主机地址均由防火墙进行 NAT 转换，所以此处 source-address
的掩码为 16 位。）

[FW1-policy-nat-rule-policy-nat]**action source-nat easy-ip**　　（进行简单源地址转换
（easy-ip 方式））

[FW1-policy-nat-rule-policy-nat]**quit**

[FW1-policy-nat]**quit**

[FW1]

（以下配置虚拟防火墙 va）

[FW1]**switch vsys va**　　（进入 va）

<FW1-va>**system-view**　　（进入 va 系统视图）

[FW1-va]**aaa**　　（进入 aaa 视图，为 va 创建独立的管理员账号和密码）

[FW1-va-aaa]**manager-user admin@@va**　　（设置管理员账号为 admin@@va）

[FW1-va-aaa-manager-user-admin@@va]**password**　（设置 va 的管理员密码）

Enter Password:　　　　　（此处需输入密码）

Confirm Password:　　　　　（此处再次需输入密码）

[FW1-va-aaa-manager-user-admin@@va]**service-type web telnet ssh**　（设置提供给 va 管理员的服务类型有 web、Telnet 和 ssh）

[FW1-va-aaa-manager-user-admin@@va]**level 15**　（设置管理员的权限级别为 15 级，即最高级别）

[FW1-va-aaa-manager-user-admin@@va]**quit**

[FW1-va-aaa]**bind manager-user** admin@@va **role system-admin**　（绑定管理员账号的角色为 system-admin（系统管理员））

[FW1-va-aaa]**quit**

（以下配置虚拟防火墙 va 中的接口 g1/0/2 的 IP 地址和虚拟接口 virtual-if 1 的地址）

[FW1-va]**interface g1/0/2**

[FW1-va-GigabitEthernet1/0/2]**ip address 192.168.1.254 24**

[FW1-va-GigabitEthernet1/0/2]**quit**

[FW1-va]**interface virtual-if** 1

[FW1-va-Virtual-if1]**ip address 172.16.1.1 16**

[FW1-va-Virtual-if1]**quit**

（以下配置 va 的安全区域，将 g1/0/2 加入 trust 区域，将 virtual-if 1 加入 untrust 区域）

[FW1-va]**firewall zone trust**

[FW1-va-zone-trust]**add interface g1/0/2**

[FW1-va-zone-trust]**quit**

[FW1-va]**firewall zone untrust**

[FW1-va-zone-untrust]**add interface virtual-if 1**

[FW1-va-zone-untrust]**quit**

以下配置 va 的静态默认路由需经由 public（根防火墙）转发。需要说明的是，防火墙存在两种虚拟系统，一种是根系统（public），另一种是虚拟系统（vsys）。根系统是物理防火墙默认存在的一个特殊的虚拟系统，用于管理其他虚拟系统，并提供虚拟系统间的通信服务。无论防火墙是否启用虚拟系统功能，根系统均存在。

一旦启用防火墙的虚拟系统功能，根系统就会继承防火墙先前的配置，而虚拟系统（vsys）是在防火墙上划分出来的能独立运行的逻辑子系统。根系统的虚拟接口名为 Virtual-if 0，不能被管理员分配，而由系统自动分配得到，其他虚拟系统的接口号从 Virtual-if 1 开始，根据系统中接口号占用情况自动分配。

[FW1-va]**ip route-static 0.0.0.0 0.0.0.0 public**　（配置 va 的静态默认路由需经由 public 转发）

（以下配置 va 内的主机不能访问 vb 内的主机）

[FW1-va]**security-policy**

[FW1-va-policy-security]r**ule name policy-admin-department**

[FW1-va-policy-security-rule-policy-admin-department]**source-address 192.168.1.0 24**

[FW1-va-policy-security-rule-policy-admin-department]**destination-address**

192.168.2.0 24

[FW1-va-policy-security-rule-policy-admin-department]**action deny**

[FW1-va-policy-security-rule-policy-admin-department]**quit**

（以下配置允许 trust 区域访问 untrust 区域，以便 va 内的主机能访问外网（Internet））

[FW1-va-policy-security]**rule name policy_internet**

[FW1-va-policy-security-rule-policy_internet]**source-zone trust**

[FW1-va-policy-security-rule-policy_internet]**destination-zone untrust**

[FW1-va-policy-security-rule-policy_internet]**action permit**

[FW1-va-policy-security-rule-policy_internet]**quit**

[FW1-va-policy-security]**quit**

[FW1-va]**quit**

<FW1-va>**quit**

（以下配置虚拟防火墙 vb）

[FW1]**switch vsys vb**

<FW1-vb>**system-view**

[FW1-vb]**aaa**

[FW1-vb-aaa]**manager-user admin@@vb**

[FW1-vb-aaa-manager-user-admin@@vb]**password**

Enter Password:

Confirm Password:

[FW1-vb-aaa-manager-user-admin@@vb]**service-type web telnet ssh**

[FW1-vb-aaa-manager-user-admin@@vb]**level 15**

[FW1-vb-aaa-manager-user-admin@@vb]**quit**

[FW1-vb-aaa]**bind manager-user** admin@@vb **role system-admin**

[FW1-vb-aaa]**quit**

（以下配置接口 g1/0/3 的 IP 地址）

[FW1-vb]**interface g1/0/3**

[FW1-vb-GigabitEthernet1/0/3]**ip address 192.168.2.254 24**

[FW1-vb-GigabitEthernet1/0/3]**quit**

（以下配置虚拟接口 virtual-if 2 的 IP 地址）

[FW1-vb]**interface Virtual-if 2**

[FW1-vb-Virtual-if2]**ip address 172.16.2.1 16**

[FW1-vb-Virtual-if2]**quit**

（以下将 g1/0/3 加入 trust 区域）

[FW1-vb]**firewall zone trust**

[FW1-vb-zone-trust]**add interface g1/0/3**

[FW1-vb-zone-trust]**quit**

（以下将 Virtual-if 2 加入 untrust 区域）

[FW1-vb]**firewall zone untrust**

[FW1-vb-zone-untrust]**add interface Virtual-if 2**

[FW1-vb-zone-untrust]**quit**

[FW1-vb]**ip route-static 0.0.0.0 0.0.0.0 public** （配置 vb 的缺省路由，由 public 转发）

（以下配置安全区域策略，允许 trust 区域访问 untrust 区域，即访问外网（Internet））

[FW1-vb]**security-policy**

[FW1-vb-policy-security]**rule name policy_internet2**

[FW1-vb-policy-security-rule-policy_internet2]**source-zone trust**

[FW1-vb-policy-security-rule-policy_internet2]**destination-zone untrust**

[FW1-vb-policy-security-rule-policy_internet2]**action permit**

[FW1-vb-policy-security-rule-policy_internet2]**quit**

（以下配置 vb 内的主机不能访问 va 内的主机）

[FW1-vb-policy-security]**rule name policy_admin_department**

[FW1-vb-policy-security-rule-policy_admin_department]**source-address 192.168.2.0 24**

[FW1-vb-policy-security-rule-policy_admin_department]**destination-address
192.168.1.0 24**

[FW1-vb-policy-security-rule-policy_admin_department]**action deny**

[FW1-vb-policy-security-rule-policy_admin_department]**quit**

[FW1-vb-policy-security]**quit**

[FW1-vb]**quit**

<FW1-vb>**quit**

[FW1]

第二步：配置路由器 AR1 和 AR2。

（1）配置路由器 AR1 各接口地址及静态路由。

<Huawei>**sys**

[Huawei]**undo info enable**

[Huawei]**sysname R1**

[R1]**interface g0/0/1**

[R1-GigabitEthernet0/0/1]**ip address 1.1.1.254 8**

[R1-GigabitEthernet0/0/1]**quit**

[R1]**interface g0/0/0**

[R1-GigabitEthernet0/0/0]**ip address 2.2.2.1 8**

[R1-GigabitEthernet0/0/0]**quit**

[R1]**ip route-static 192.168.1.0 24 1.1.1.1**

[R1]**ip route-static 192.168.2.0 24 1.1.1.1**

[R1]**ip route-static 172.17.0.0 16 2.2.2.2**

[R1]

（2）配置路由器 AR2 各接口地址及静态路由。

<Huawei>**sys**

[Huawei]**undo info enable**

[Huawei]**sysname R2**

[R2]**interface g0/0/0**

[R2-GigabitEthernet0/0/0]**ip address 2.2.2.2 8**

[R2-GigabitEthernet0/0/0]**quit**

[R2]**interface g0/0/1**

[R2-GigabitEthernet0/0/1]**ip address 172.17.0.254 16**

[R2-GigabitEthernet0/0/1]**quit**

[R2]**ip route-static 1.0.0.0 8 2.2.2.1**

[R2]**ip route-static 192.168.1.0 24 2.2.2.1**

[R2]**ip route-static 192.168.2.0 24 2.2.2.1**

[R2]

第三步：配置各 PC 机。

（1）配置 PC1 的 IP 地址、子网掩码和网关，如图 3-46 所示。

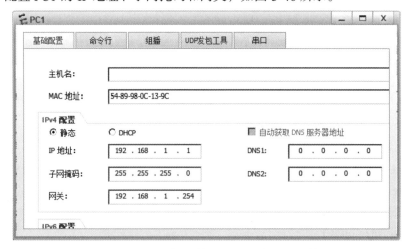

图 3-46　PC1 的 IP 地址、子网掩码和网关

（2）配置 PC2 的 IP 地址、子网掩码和网关，如图 3-47 所示。

图 3-47　PC2 的 IP 地址、子网掩码和网关

（3）配置 PC3 的 IP 地址、子网掩码和网关，如图 3-48 所示。

图 3-48　PC3 的 IP 地址、子网掩码和网关

第四步：测试。

（1）测试 PC1（192.168.1.1/24）与 PC3（172.17.0.1/16）的连通性，结果如图 3-49 所示，结果表明，PC1 与 PC3 相互连通。

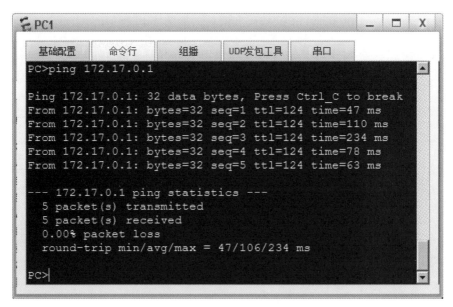

图 3-49　PC1 与 PC3 的连通性测试

（2）测试 PC2（192.168.2.1/24）与 PC3（172.17.0.1/16）的连通性，结果如图 3-50 所示，结果表明，PC2 与 PC3 相互连通。

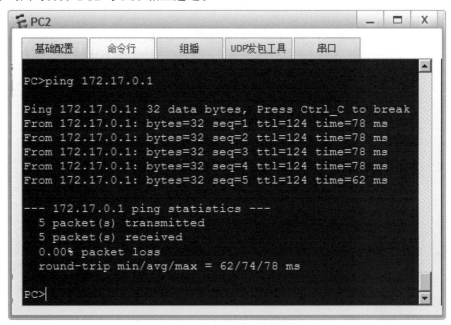

图 3-50　PC2 与 PC3 的连通性测试

（3）测试 PC1（192.168.2.1/24）与 PC2（192.168.2.1/24）的连通性，结果如图 3-51 所示，结果表明，PC1 与 PC2 相互不连通。

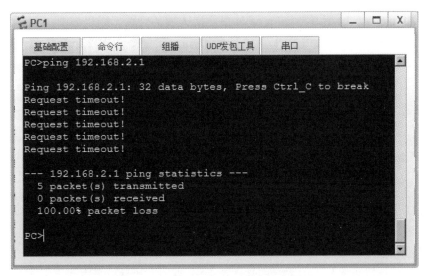

图 3-51　PC1 与 PC2 的连通性测试

（4）测试 PC3 与 PC1、PC2 的连通性，结果如图 3-52 所示，表明外网（PC3）不能访问到内网的主机（PC1、PC2），防火墙配置正确。

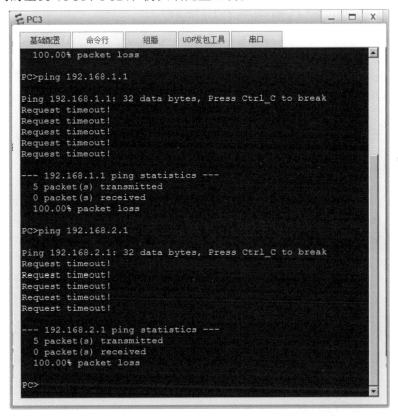

图 3-52　PC3 与 PC1、PC2 的连通性测试结果

（5）用 display firewall session table 显示防火墙的会话，结果如图 3-53 所示，从该结果可以看出，防火墙的会话表中，有 5 条利用 ping 命令测试 PC2 与 PC3 连通性的 icmp VPN 会话，表明已经成功配置虚拟防火墙。

```
FW1
[FW1]
[FW1]display firewall session table
2021-07-16 03:17:18.180
 Current Total Sessions : 5
 icmp  VPN: public --> public  192.168.2.1:14586[1.1.1.1:2059] --> 172.17.0.1:20
48
 icmp  VPN: public --> public  192.168.2.1:14074[1.1.1.1:2058] --> 172.17.0.1:20
48
 icmp  VPN: public --> public  192.168.2.1:15098[1.1.1.1:2060] --> 172.17.0.1:20
48
 icmp  VPN: public --> public  192.168.2.1:15610[1.1.1.1:2062] --> 172.17.0.1:20
48
 icmp  VPN: public --> public  192.168.2.1:15354[1.1.1.1:2061] --> 172.17.0.1:20
48
[FW1]
[FW1]
[FW1]
```

图 3-53　防火墙会话表

3.2　思科 PIX 防火墙简单入门配置

思科防火墙属于主流防火墙之一，限于篇幅，本小节将学习思科 PIX 系列防火墙的一些主要应用配置，包括防火墙基本配置和 NAT 配置，配置环境为 GNS3 模拟器和思科 PIX 804 防火墙。

3.2.1　安全区域及基本配置

1. 拓扑结构

网络拓扑结构如图 3-54 所示，防火墙选用思科 PIX 804，PC1、Client1 和 Telnet 服务器 Server1 均由路由器（C3700）模拟。

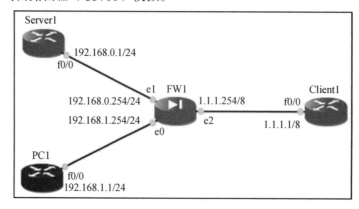

图 3-54　思科防火墙安全策略及基本配置拓扑图

2. 具体要求

（1）配置安全区域：Telnet 服务器 Server1（由路由器 C3700 模拟）所处的网络为 DMZ 区，主机 PC1（由路由器 C3700 模拟）所处的网络为 Inside（对应华为防火墙的 trust）区，客户机 Client1（由路由器 C3700 模拟）所在的网络为 Outside（对应华为防火墙的 Untrust）区。

（2）配置服务器、PC 机、客户机及防火墙 FW1 各接口的 IP 地址、子网掩码等，如拓扑结构图 3-54 所示。

（3）启用服务器 Server1 的 telnet 服务，在防火墙 FW1 上配置安全策略，只允许 Outside 区域的主机 Client1 登录该服务器（即登录 Server1）。

（4）在防火墙上配置安全策略，允许 PC1 利用 ping 命令测试与服务器 Server1 和 Client1 的网络联通性。

（5）测试上述配置是否达到要求。

3. 配置步骤

第一步：配置客户机 PC1、Client1 的 IP 地址、子网掩码和网关。

（1）配置 PC1 的 IP 地址、子网掩码和网关。

Router>**enable**

Router#**configure terminal**　　　　（进入终端配置模式）

Router（config）#**hostname PC1**

PC1（config）#**no ip routing**　　　（由于要模拟 PC 机，关闭其路由功能）

PC1（config）#**ip default-gateway 192.168.1.254**　　（配置 PC1 的网关）

PC1（config）#

PC1（config）#**interface f0/0**

PC1（config-if）#**ip address 192.168.1.1 255.255.255.0**　　（设置接口地址）

PC1（config-if）#**no shutdown**　　　　（激活接口）

PC1（config-if）#**exit**

PC1（config）#**exit**

PC1#

（2）配置 Client1 的 IP 地址、子网掩码、网关等。

Router>**enable**

Router#**configure terminal**

Router（config）#**hostname Client1**

Client1（config）#**no ip routing**　　　（由于要模拟 PC 机，关闭其路由功能）

Client1（config）#**ip default-gateway 1.1.1.254**

Client1（config）#

Client1（config）#**interface f0/0**

Client1（config-if）#**ip address 1.1.1.1 255.0.0.0**

Client1（config-if）#**no shutdown**

Client1（config-if）#**end**

Client1#

第二步：配置服务器 Server1。

Router>**enable**

Router#**configure terminal**

Router（config）#**hostname Server1**

Server1（config）#**no ip routing** （由于要模拟服务器，关闭其路由功能）

Server1（config）#**ip default-gateway 192.168.0.254**

Server1（config）#

Server1（config）#**interface f0/0**

Server1（config-if）#**ip address 192.168.0.1 255.255.255.0**

Server1（config-if）#**no shutdown**

Server1（config-if）#**exit**

Server1（config）#**user abc password admin123** （配置登录路由器的账号和密码）

Server1（config）#**line vty 0 4** （配置路由器的远程登录虚拟端口（0 至 4 号），即允许 5 个不同的连接可以使用 Telnet、SSH 等同时访问该设备）

Server1（config-line）#**login local** （配置远程登录时，要求输入账号和密码，并从本地用户数据库中查找该账号和口令是否匹配）

Server1（config-line）#**exit**

Server1（config）#**exit**

Server1#

第三步：配置防火墙。

pixfirewall> **en**

Password: （默认无密码，直接输入回车键）

pixfirewall# **configure terminal**

pixfirewall（config）# **hostname FW1**

FW1（config）# **interface e0**

FW1（config-if）# **ip address 192.168.1.254 255.255.255.0**

FW1（config-if）# **no shutdown**

FW1（config-if）#**nameif inside** （设置接口名为 inside，该接口的默认安全级别（security-level）为 100）

FW1（config-if）# **security-level 100** （设置接口的安全级别为 100，由于 inside 默认为 100，可不使用本条命令）

FW1（config-if）# **exit**

FW1（config）# **interface e1**

FW1（config-if）# **ip address 192.168.0.254 255.255.255.0**

FW1（config-if）# **no shutdown**

FW1（config-if）#**nameif dmz**　　　（设置接口名为 dmz）

FW1（config-if）# **security-level 50**

FW1（config-if）# **exit**

FW1（config）# **interface e2**

FW1（config-if）# **ip address 1.1.1.254 255.0.0.0**

FW1（config-if）# **no shutdown**

FW1（config-if）#**nameif outside**　　　（设置接口名为 outside）

FW1（config-if）# **security-level 0**

FW1（config-if）# **exit**

（以下配置访问控制列表（ACL））

FW1（config）#**access-list acl1 permit icmp 192.168.0.0 255.255.255.0 host 192.168.1.1**
（配置 ACL，允许 192.168.0.0/24 网段的所有主机能用 ping 命令访问主机 192.168.1.1）

FW1（config）#**access-group** acl1 **in interface dmz**　　　（将 acl1 应用到接口 dmz 的流量进入方向（in））

FW1（config）# **access-list** acl2 **permit icmp host 1.1.1.1 host 192.168.1.1**　　　（配置 ACL，允许主机 1.1.1.1 能用 ping 命令访问 192.168.1.1）

FW1（config）#**access-group acl2 in interface outside**　　　（将 acl1 应用到接口 outside 的流量进入方向（in））

下面利用 ping 命令，测试 PC1 与 Client1（1.1.1.1/8）、Server1（192.168.0.1/24）的连通性，结果如图 3-55 所示，表明 PC1 与 Client1、Server1 已连通。

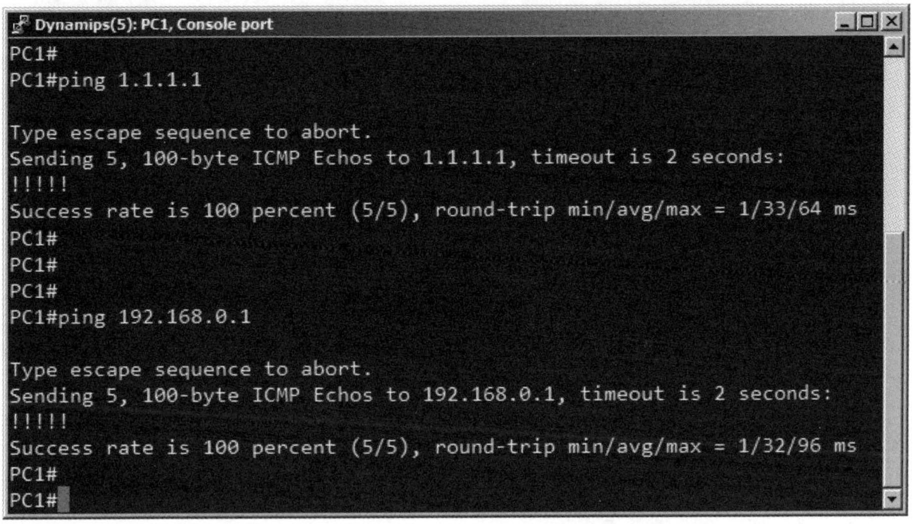

图 3-55　PC1 与 Client1、Server1 的连通性测试

（2）利用 ping 命令，测试 Client1（1.1.1.1/8）与 Server1（192.168.0.1/24）的连通性，结果如图 3-56 所示，表明 Client1 与 Server1 未连通。

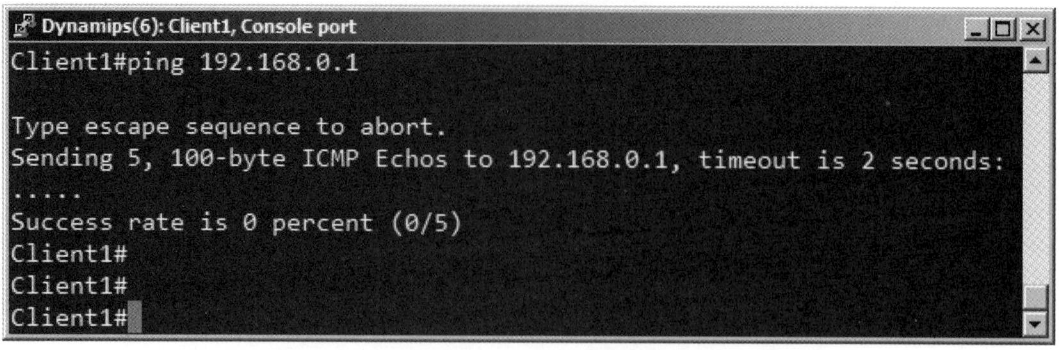

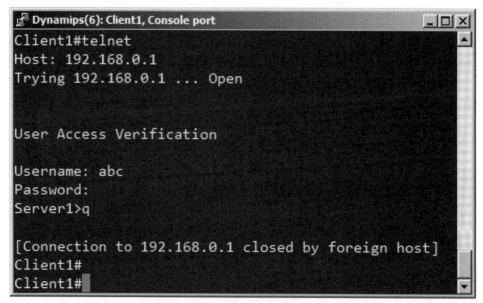

图 3-56　Client1 与 Server1 的连通性测试

（下面配置 Client1 登录 192.168.0.1 的 Telnet 服务）

FW1（config）# **access-list acl3 permit tcp host 1.1.1.1 host 192.168.0.1 eq telnet**

（配置 acl3，允许主机（1.1.1.1）能登录到 Telnet 服务器 192.168.0.1。）

FW1（config）# **access-group acl3 in interface outside**　　（将 acl3 应用到 outside 的流量进入方向（in））

图 3-57 表明，/配置 acl3 后，Client1 能登录到 192.168.0.1。

```
Dynamips(6): Client1, Console port                        _ □ ×
Client1#telnet
Host: 192.168.0.1
Trying 192.168.0.1 ... Open


User Access Verification

Username: abc
Password:
Server1>q

[Connection to 192.168.0.1 closed by foreign host]
Client1#
Client1#
```

图 3-57　Client1 登录 Server1

PC1 也能登录 Server1，如图 3-58 所示，因为 PC1 为 inside 区域，可以访问 DMZ 区域的 Telnet 服务，同时思科 PIX 系列防火墙高安全区域（inside）的数据包，在默认情况下能发送往低安全区域（DMZ）。

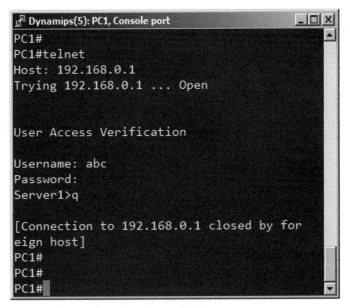

图 3-58　PC1 能登录 Server1

FW1（config）# **access-list acl4 deny tcp host 192.168.1.1 host 192.168.0.1 eq telnet**
（配置 acl4，拒绝主机（192.168.1.1）登录到 Telnet 服务器 192.168.0.1。）

FW1（config）# **access-group acl4 in interface inside** 　（将 acl4 应用到 inside 的流量进入方向（in））

现在测试 PC1（192.168.1.1）能否登录到 Server1（192.168.0.1），结果如图 3-59 所示，表明 Server1 拒绝了 PC1 的登录请求。

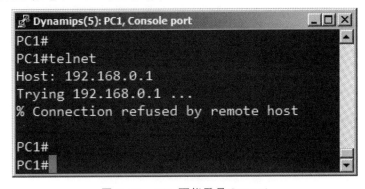

图 3-59　PC1 不能登录 Server1

3.2.2　NAT 配置

1. 拓扑结构

拓扑结构如图 3-60 所示，防火墙选用思科 Pix804，PC1、Client1 和 Server1 均由路由器（C1700）模拟。

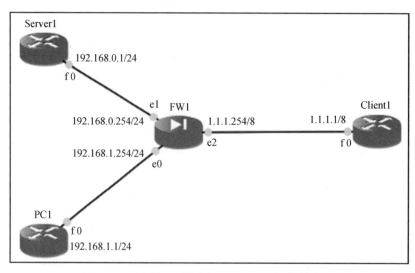

图 3-60　思科 PIX 防火墙 NAT 配置拓扑结构图

2. 具体要求

（1）FTP 服务器 Server1 所处的网络为 DMZ 区，主机 PC1 所处的网络为 inside 区域，Client1 所在的网络为 outside 区域。

（2）Server1、PC1 和 Client1 及防火墙 FW1 各接口的 IP 地址、子网掩码如拓扑结构图 3-60 所示。

（3）Server1 对外声明的公网地址为 1.1.1.2/8。配置防火墙 NAT，使得外部网络能通过该地址访问其 ftp 服务。

（4）在防火墙上配置 NAT 策略，其地址池中的公网地址为：1.1.1.10 ~ 1.1.1.15，使得内网（inside）中的主机访问外网（outside 区域）时，能转换为该地址池中的地址。

（5）测试上述配置是否达到要求。

3. 配置步骤

第一步：分别配置服务器 Server1、主机 PC1、Client1 的 IP 地址、子网掩码、网关等信息。

（1）配置 PC1。

Router>**enable**

Router#**configure terminal**

Router（config）#**hostname PC1**

PC1（config）#**no ip routing**

PC1（config）#**ip default-gateway 192.168.1.254**

PC1（config）#**interface f0**　　　　　　（注意此处接口是 f0，而不是 f0/0）

PC1（config-if）#**ip address 192.168.1.1 255.255.255.0**

PC1（config-if）#**no shutdown**

PC1（config-if）#**exit**

PC1（config）#**exit**

PC1#

（2）配置 Client1。

Router>**enable**

Router#**configure terminal**

Router（config）#**hostname Client1**

Client1（config）#**no ip routing**

Client1（config）#**ip default-gateway 1.1.1.254**

Client1（config）#**interface f0**

Client1（config-if）#**ip address 1.1.1.1 255.0.0.0**

Client1（config-if）#**no shutdown**

Client1（config-if）#**end**

Client1#

（3）配置 Server1。

Router>**enable**

Router#**configure terminal**

Router（config）#**hostname Server1**

Server1（config）#**no logging monitor**

Server1（config）#**no ip routing**

Server1（config）#**ip default-gateway 192.168.0.254**

Server1（config）#

Server1（config）#**interface** f0

Server1（config-if）#**ip address 192.168.0.1 255.255.255.0**

Server1（config-if）#**no shutdown**

Server1（config-if）#**exit**

Server1（config）#**user** abc **password admin123**

Server1（config）#**line vty 0 4**

Server1（config-line）#**login local**

Server1（config-line）#**end**

Server1#

第二步：配置防火墙。

pixfirewall> **enable**

Password:　　　　　　　　（输入密码，由于初始无密码，此时直接输入回车键即可）

pixfirewall# **configure terminal**

pixfirewall（config）# **hostname FW1**

FW1（config）# **no logging monitor**

FW1（config）# **interface e0**

FW1（config-if）# **ip address 192.168.1.254 255.255.255.0**

FW1（config-if）# **no shutdown**

FW1（config-if）# **nameif inside**

FW1（config-if）# **security-level 100**

FW1（config-if）# **exit**

FW1（config）# **interface e1**

FW1（config-if）# **ip address 192.168.0.254 255.255.255.0**

FW1（config-if）# **no shutdown**

FW1（config-if）# **nameif dmz**

FW1（config-if）# **security-level 50**

FW1（config-if）# **exit**

FW1（config）# **interface e2**

FW1（config-if）# **ip address 1.1.1.254 255.0.0.0**

FW1（config-if）# **no shutdown**

FW1（config-if）# **nameif outside**

INFO: Security level for "outside" set to 0 by default.

FW1（config-if）# **security-level 0**

FW1（config-if）# **exit**

FW1（config）#

FW1（config）# **static （dmz，outside） 1.1.1.2 192.168.0.1** （配置 NAT 静态转换，将 dmz 区域的内部地址 192.168.0.1 转换为外部公网地址 1.1.1.2）

（以下配置动态 NAT）

FW1（config）# **nat （inside） 1 0 0** （配置 inside 区域的所有地址，在访问外网时，均需进行 NAT 转换，参数 1 表示 nat 标识符（将与下面的语句配合使用），第一个 0 是地址 0.0.0.0 的简写，第二个 0 是子网掩码 0.0.0.0 的简写。）

FW1（config）# **global （outside） 1 1.1.1.3-1.1.1.6** （配置公有地址池为 1.1.1.3-1.1.1.6，共 4 个地址。此处的标识符 1 与上一条语句的 1 配合使用。）

（上述两条语句功能，即是要求将 inside 的所有地址，在访问外网时，均需转换，转换后的地址将来自地址池（1.1.1.3 ~ 1.1.1.6）。）

FW1（config）#

FW1（config）# **access-list** acl1 **perm icmp host 1.1.1.1 1.0.0.0 255.0.0.0** （配置 ACL，

允许来自 1.1.1.1 的并且去往网络 1.0.0.0/8 的通信通过）

FW1(config)# **access-group** acl1 **in interface outside**　（将 ACL1 应用在接口 outside 的进入方向（in））

（在客户机 Client1 上，使用命令 show conn all 查看 Client1 当前的网络连接情况，随即在 PC1 上使用 ping 命令，测试 PC1（192.168.1.1/24）与 Client1（1.1.1.1/8）的连通性，结果如图 3-61 所示，该结果表明，PC1 与 Client1 已经连通。）

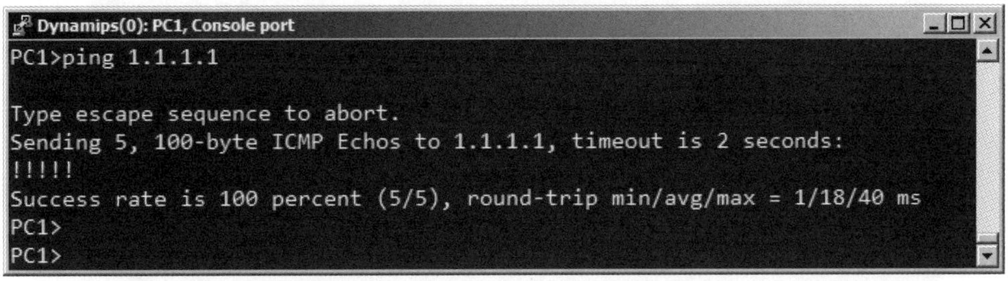

```
Dynamips(0): PC1, Console port
PC1>ping 1.1.1.1

Type escape sequence to abort.
Sending 5, 100-byte ICMP Echos to 1.1.1.1, timeout is 2 seconds:
!!!!!
Success rate is 100 percent (5/5), round-trip min/avg/max = 1/18/40 ms
PC1>
PC1>
```

图 3-61　测试 PC1 与 Client1 的网络连通性

当 PC1 运行完上面的 ping 1.1.1.1 命令之后，在 Client1 上随即会显示其当前的网络连接情况，如图 3-62 所示。该结果表明，经过 NAT 转换后，PC1 的地址（192.168.1.1）已经被转换为公网地址 1.1.1.4（由于 icmp 数据包是从 PC1 发出的，所以 Client1 响应的回程地址，即图 3-62 中显示的目的地址是 1.1.1.4，此即表明 FW1 已经对 PC1 的内部地址 192.168.1.1 进行了转换）。

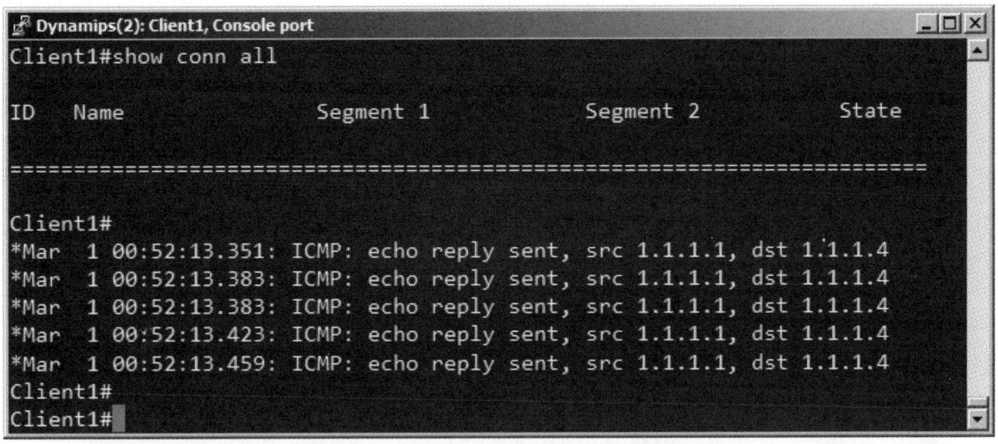

```
Dynamips(2): Client1, Console port
Client1#show conn all

ID    Name              Segment 1              Segment 2              State
=================================================================
Client1#
*Mar  1 00:52:13.351: ICMP: echo reply sent, src 1.1.1.1, dst 1.1.1.4
*Mar  1 00:52:13.383: ICMP: echo reply sent, src 1.1.1.1, dst 1.1.1.4
*Mar  1 00:52:13.383: ICMP: echo reply sent, src 1.1.1.1, dst 1.1.1.4
*Mar  1 00:52:13.423: ICMP: echo reply sent, src 1.1.1.1, dst 1.1.1.4
*Mar  1 00:52:13.459: ICMP: echo reply sent, src 1.1.1.1, dst 1.1.1.4
Client1#
Client1#
```

图 3-62　Client1 的所有网络连接情况

在防火墙上 FW1 上，使用 show nat 命令，可以看到如图 3-63 所示结果，其中的如下信息：

match ip inside any outside any

dynamic translation to pool 1　（1.1.1.3 - 1.1.1.6）

translate_hits=12， untranslate_hits=27

上述信息已经表明，对 inside 地址将使用地址池（1.1.1.3～1.1.1.6）中的地址进行转换，并且已经转换了 12 次（translate_hits=12）。

```
Dynamips(5): PC1, Console port                          _ □ X
FW1# show nat

NAT policies on Interface inside:
  match ip inside any inside any
    dynamic translation to pool 1 (No matching global)
    translate_hits = 0, untranslate_hits = 0
  match ip inside any dmz any
    dynamic translation to pool 1 (No matching global)
    translate_hits = 2, untranslate_hits = 0
  match ip inside any outside any
    dynamic translation to pool 1 (1.1.1.3 - 1.1.1.6)
    translate_hits = 12, untranslate_hits = 27

NAT policies on Interface dmz:
  match ip dmz host 192.168.0.1 outside any
    static translation to 1.1.1.2
    translate_hits = 0, untranslate_hits = 2
FW1#
```

图 3-63　防火墙的 nat 配置结果

下面配置 ACL2，允许防火墙通过来自主机 1.1.1.1、去往 1.1.1.2 的 telnet 服务，并将 ACL2 应用在接口 outside 的入口方向（in）。

FW1（config）# **access-list acl2 permit tcp host 1.1.1.1 host 1.1.1.2 eq telnet**

FW1（config）# **access-group acl2 in interface outside**

FW1（config）#

当从 Client1 登录 Server1 时，如果使用的登录地址为 192.168.0.1，则显示拒绝登录，如图 3-64 所示。而当使用的登录地址为 1.1.1.2 时，显示能成功登录，如图 3-65 所示，说明防火墙已经对地址 192.168.0.1 进行了 NAT 转换。

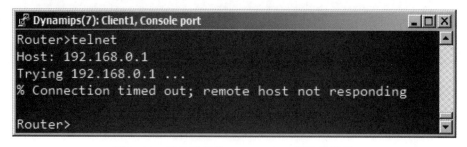

图 3-64　登录地址为 192.168.0.1 的登录结果

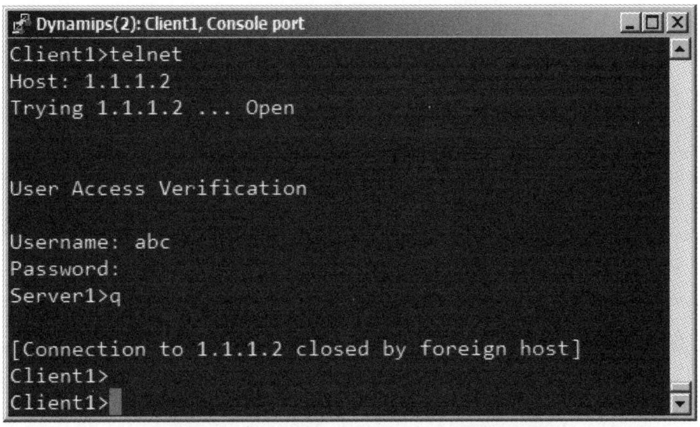

图 3-65 登录地址为 1.1.1.2 的登录结果

第 4 章
WLAN 安全技术

4.1 WLAN 安全概述

无线局域网简称 WLAN（Wireless Local Area Network），目前在住宅小区、家庭及商场、宾馆、企事业单位办公区域等各类场所广泛应用，其组网灵活、简单，可扩展性好，移动应用性强。但是，由于 WLAN 采用开放式的无线电磁波作为网络传输介质，在网络通信过程中，除了通信双方外，任何第三方都可以非常容易地窃听、拦截和分析 WLAN 的通信信号。因此，在实际应用中，为保障 WLAN 的通信安全，必须采用相应的安全技术，如账号认证、访问控制、数据加密等技术。

早在 2004 年，我国就颁布了 WLAN 安全的国家标准，即无线局域网鉴别和保密基础结构，简称 WAPI（WLAN Authentication and Privacy Infrastructure）。由于该标准涉及的专业性很强，下面仅从实际应用的角度，简要介绍几个具体的 WLAN 安全技术。

1. 认证技术

认证技术可以防止非法用户登录网络，并确保合法用户使用网络及其资源。该技术如早期的 PPPoE 认证、Web 认证等，以及目前的 802.1X 认证。802.1X 认证方式是一种基于端口的访问控制协议，能够实现对局域网设备的安全认证和授权。

我国的 WAPI 标准是基于椭圆曲线的公钥证书体制，采用三元（即鉴别服务器 AS、访问接入点 AP 和终端 STA）对等架构的双向认证机制，能有效防御中间人攻击、钓鱼 AP 等安全威胁。AS 作为可信第三方，AP 和 STA 利用其颁发的证书作为"身份凭证"进行双向认证，其认证过程简单，客户端支持多证书，支持用户异地接入，方便用户多处使用。

2. 访问控制技术

网络接入认证机制，只是认证了用户访问网络的身份是否合法，但不同用户享有的网络资源是不同的，因此，为保障不同用户访问其被授权的资源，或者说为了保证资源不被非授权的用户访问，需要控制授权或非授权用户对资源的访问。常用的 WLAN 访问控制技术包括服务集标识 SSID（Service Set Identifier）、MAC 地址认证、访问控制列表 ACL 等，以实现对用户访问网络资源的控制和管理。

3. 加密技术

通过对通信的数据加密，能够保证通信内容的私密性和安全性，防止信息泄露。加密体制可分为：对称密钥体制和公钥密码体制，对称密钥体制也称为单钥密码体制，其加密密就是解密密钥，密钥不能对外公开，典型的算法有 DES、3DES、AES、IDEA。公钥密码体制也称为非对称密码体制，即加密密钥不同于解密密钥，加密密钥公开，而解密密钥需要私密保存，典型的有椭圆曲线加密（ECC）、RSA 加密等。

根据 2006 年颁布的《WAPI 实施指南》，WAPI 标准采用我国自行设计的对称加密算法 SMS4（即后来的国家密码标准 SM4）对 WLAN 通信数据加密。

4. 数据完整性校验技术

通过数据完整性检验技术，数据接收方能够检验所收到的数据在其传输过程中是否受到篡改。WAPI 标准使用 CBC-MAC（Cipher Block Chaining-Message Authentication Code，即密文分组链接模式消息认证码）模式，计算出数据的 MIC（Message Integrity Code，即消息完整性校验码），从而实现对通信数据的完整性校验。

5. 不可抵赖性技术

不可抵赖性技术能够防止数据发送方否认其曾经发送过数据，并防止其抵赖所发送数据的真实性和完整性，也能够防止数据接收方否认其曾经收到过数据，以及防止其抵赖所收到数据的真实性和完整性。通过对消息进行数字签名可以实现消息的不可抵赖性。

4.2   WLAN 安全配置

本小节将以一个具体的 WLAN 应用为例，利用 eNSP 模拟器演示 WLAN 的配置过程，其中涉及认证、加密等安全技术。

1. 拓扑结构

拓扑结构如图 4-1 所示，其中，路由器选用 AR3260，两台核心交换机（SW1 和 SW2）选用 S5700，SW3 选择 S3700，AC 选用 AC6605，两台 AP 选用 AP7050。

2. 具体要求

（1）配置各设备接口（含 VLAN）的 IP 地址、子网掩码及各设备的端口连接等，如图 4-1 所示。

（2）在 SW1 上创建并配置 VLAN 10 和 VLAN 20，并配置其接口 g0/0/1、g0/0/2、g0/0/3 为 trunk 类型，允许所有 VLAN 信息通过。

（3）在 SW2 上创建并配置 VLAN10、VLAN20 和 VLA30，配置其接口 g0/0/1、g0/0/4

为 trunk 类型，g0/0/3 为 access 类型。启用 VLAN 10 的 dhcp 服务，以便为用户终端设备（STA）自动分配上网地址。配置 SW2 的静态路由，以便访问外网主机（1.1.1.2）。

（4）配置路由器 R1 的静态路由。

（5）配置 AC 接口 g0/0/1 为 trunk 类型，创建 VLAN20，并启用其 dhcp 服务，以便为 AP 自动分配入网地址。配置 AC 对 AP 的管理，如创建 AP 组，配置 dhcp 服务器，配置源接口、认证模式，配置射频模板、SSID 模板、安全模板、VAP 模板等。

（6）测试用户终端 STA1 和 STA2 是否能接入网络，以及与外网主机（1.1.1.2）的连通性。

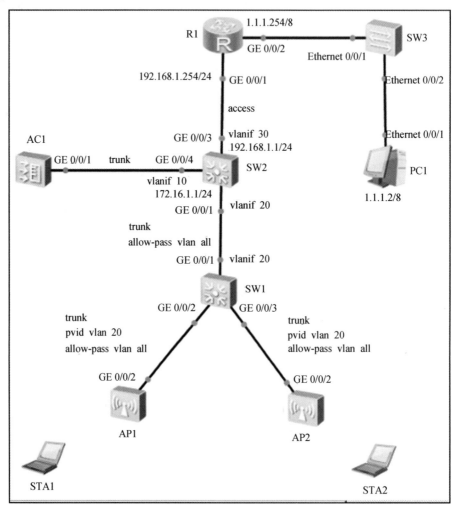

图 4-1　WLAN 安全配置拓扑结构图

3. 配置步骤

（1）配置 PC1 的 IPv4 地址为：1.1.1.2/8，网关为 1.1.1.254。

（2）配置交换机 SW1。

<Huawei>**system-view**

[Huawei]**undo info enable**

[Huawei]**sysname SW1**

[SW1]**vlan batch 10 20** （批量创建 vlan 10 和 20）

（以下配置接口 g0/0/1 为 trunk 类型，允许所有 VLAN 信息通过）

[SW1]**int g0/0/1**

[SW1-GigabitEthernet0/0/1]**port link-type trunk**

[SW1-GigabitEthernet0/0/1]**port trunk allow-pass vlan all**

[SW1-GigabitEthernet0/0/1]**quit**

（以下配置接口 g0/0/2 和 g0/0/3，接口类型为 trunk，其端口标签为 vlan 20）

[SW1]**int g0/0/2**

[SW1-GigabitEthernet0/0/2]**port link-type trunk**

[SW1-GigabitEthernet0/0/2]**port trunk pvid vlan 20** （设置端口标签为 vlan 20）

[SW1-GigabitEthernet0/0/2]**port trunk allow-pass vlan all** （允许所有 vlan 通过）

[SW1-GigabitEthernet0/0/2]**quit**

[SW1]

[SW1]**int g0/0/3**

[SW1-GigabitEthernet0/0/3]**port link-type trunk**

[SW1-GigabitEthernet0/0/3]**port trunk pvid vlan 20**

[SW1-GigabitEthernet0/0/3]**port trunk allow-pass vlan all**

[SW1-GigabitEthernet0/0/3]**quit**

（3）配置交换机 SW2。

<Huawei>**system-view**

[Huawei]**undo info enable**

[Huawei]**sysname SW2**

[SW2]**vlan batch 10 20 30** （批量创建 vlan 10、20 和 30）

（以下配置接口 g0/0/1、g0/0/3 和 g0/0/4）

[SW2]**int g0/0/1**

[SW2-GigabitEthernet0/0/1]**port link-type trunk**

[SW2-GigabitEthernet0/0/1]**port trunk allow-pass vlan all**

[SW2-GigabitEthernet0/0/1]**quit**

[SW2]

[SW2]**int g0/0/3**

[SW2-GigabitEthernet0/0/3]**port link-type access**

[SW2-GigabitEthernet0/0/3]**port default vlan 30**

[SW2-GigabitEthernet0/0/3]**quit**

[SW2]

[SW2]**int g0/0/4**

[SW2-GigabitEthernet0/0/4]**port link-type trunk**

[SW2-GigabitEthernet0/0/4]**port trunk allow-pass vlan all**

[SW2-GigabitEthernet0/0/4]**quit**

（以下配置 VLAN 10 的 dhcp 服务，旨在为终端用户（即客户机 STA）自动分配 IP 地址）

[SW2]**dhcp enable**

[SW2]**int vlanif 10**　　　（创建 vlanif 10 接口并进入接口视图）

[SW2-Vlanif10]**ip address 172.16.1.1 24**　　　（配置 IP 地址为 172.16.1.1/24）

[SW2-Vlanif10]**dhcp select interface**　　（本接口启用 dhcp 服务）

[SW2-Vlanif10] **dhcp server lease unlimited**　　（配置 IP 地址不限租期）

[SW2-Vlanif10]**dhcp server excluded-ip-address 172.16.1.2 172.16.1.100**（172.16.1.2 —172.16.1.100 这一段的 IP 地址将不会被分配）

[SW2-Vlanif10]**dhcp server dns-list 10.10.10.10**　　　（为了让 dhcp 的客户机能正确接入因特网，需要该服务器在分配 IP 地址的同时为客户机指定域名服务器（DNS）的 IP 地址）

[SW2-Vlanif10]**quit**

[SW2]**int vlanif 30**　　（创建 vlanif 30 接口并进入接口视图）

[SW2-Vlanif30]**ip address 192.168.1.1 24**　　　（配置 IP 地址为 192.168.1.1/24）

[SW2-Vlanif30]**quit**

[SW2]**ip route-static 1.0.0.0 255.0.0.0 192.168.1.254**　　（配置静态路由）

（4）配置路由器 R1。

<Huawei>**system-view**

[Huawei]**undo info enable**

[Huawei]**sysname R1**

[R1]**int g0/0/1**

[R1-GigabitEthernet0/0/1]**ip address 192.168.1.254 24**

[R1-GigabitEthernet0/0/1]**quit**

[R1]**int g0/0/2**

[R1-GigabitEthernet0/0/2]**ip address 1.1.1.254 8**

[R1-GigabitEthernet0/0/2]**quit**

[R1]**ip route-static 172.16.1.0 255.255.255.0 192.168.1.1**　　　（配置到 172.16.1.0/24 网段的静态路由）

（5）配置 AC。

<AC6605>**system-view**

[AC6605]**undo info enable**

[AC6605]**sysname AC**

[AC]**vlan batch 10 20**

[AC]**int g0/0/1**

[AC-GigabitEthernet0/0/1]**port link-type trunk**

[AC-GigabitEthernet0/0/1]**port trunk allow-pass vlan all**

[AC-GigabitEthernet0/0/1]**quit**

[AC]

[AC]**dhcp enable** （在 AC 上全局启用 dhcp 服务）

[AC]**int vlanif 20** （创建 vlanif 20 接口并进入接口视图）

[AC-Vlanif20]**ip address 192.168.2.1 24** （配置 vlanif 20 的 ip 地址）

[AC-Vlanif20]**dhcp select interface** （在接口上启用 dhcp 服务，旨在为其连接的 AP 自动分配 IP 地址）

[AC-Vlanif20]**quit**

[AC]

[AC]**wlan** （进入 AC 的 wlan 配置视图）

[AC-wlan-view]**ap-group name ap-g1** （为方便对多个 AP 进行管理，此处创建 AP 组并命名为 ap-g1）

[AC-wlan-ap-group-ap-g1]**regulatory-domain-profile default** （创建域管理模板，并进入模板视图。此处引用系统默认的域管理模板 default，并将其引用到 AP 组。）

[AC-wlan-ap-group-ap-g1]**quit**

[AC-wlan-view]**quit**

[AC]

[AC]**capwap source interface vlanif 20** （配置 AC 与 AP 要建立 CAPWAP 隧道的源接口为 vlanif 20。CAPWAP（Control And Provisioning of Wireless Access Points，即无线接入点控制和规范协议），应用于无线终端接入点（AP）和无线网络控制器（AC）之间的通信和交互，实现 AC 对其所关联的 AP 的集中管理和控制。该协议内容包括：AP 自动发现以 AC 及 AP、AC 的状态运行和维护，AC 对 AP 进行管理、业务配置下发和用户终端设备（STA）的数据封装及转发等。）

[AC]**wlan**

（以下配置对 ap（本例中的 ap 有 AP1 和 AP2）的认证方式）

[AC-wlan-view]**ap auth-mode mac-auth** （配置对 ap 的认证模式为基于其 mac 地址的认证）

[AC-wlan-view]**ap-id 0 ap-mac 00e0-fcd3-69c0** （将 AP1 的 mac 地址添加到 AC，此处的 mac：00e0-fcd3-69c0 是图 4-1 中 AP1 的 mac 地址）

[AC-wlan-ap-0]**ap-name area1** （配置 ap 名为 area1）

[AC-wlan-ap-0]**ap-group ap-g1**　　（将 AP1 划分到 ap-g1 组）

[AC-wlan-ap-0]**quit**

[AC-wlan-view]**ap-id 1 ap-mac 00e0-fc08-7d30**　　（将 AP2 的 mac 地址添加到 AC，此处的 mac：00e0-fc08-7d30 是图 4-1 中 AP2 的 mac 地址）

[AC-wlan-ap-1]**ap-name area2**　　（配置 ap 名为 area2）

[AC-wlan-ap-1]**ap-group ap-g1**　　（将 AP2 划分到 ap-g1 组）

[AC-wlan-ap-1]**quit**

[AC-wlan-view]

（以下配置安全模板）

[AC-wlan-view]**security-profile name sec1**　　（创建并配置安全模板 sec1）

[AC-wlan-sec-prof-sec1]**security wpa-wpa2 psk pass-phrase admin@123 aes**　　（配置 STA 接入 AP 的认证方式，采用 WPA-WPA2 的混合认证方式，用户终端用 WPA 或 WPA2 都能进行认证，预共享密钥为 admin@123，信息加密方式为 aes）

[AC-wlan-sec-prof-sec1]**quit**

（以下配置服务集 ssid 模板）

[AC-wlan-view]**ssid-profile name ssid1**　　（创建名为 ssid1 的 ssid（service set identifier，服务集标识）模板。ssid 用来指定不同的网络，以便 STA 搜索）

[AC-wlan-ssid-prof-ssid1]**ssid test**　　（ssid 命名为 test）

[AC-wlan-ssid-prof-ssid1]**quit**

（以下配置 vap 模板）

[AC-wlan-view]**vap-profile name vap1**　　（创建 vap 模板，名为 vap1。vap 模板用来为 STA 提供无线接入服务，实现 AP 为 STA 提供不同无线业务的能力）

[AC-wlan-vap-prof-vap1]**forward-mode direct-forward**　　（配置 ap 转发方式为 direct-forward，即直接转发）

[AC-wlan-vap-prof-vap1]**service-vlan vlan-id 10**　　（配置为 STA 分配 IP 地址的 vlan 为 vlan 10，即各无线终端通过 vlan 10 自动获取 IP 地址）

（以下在 vap 模板中引用安全模板、ssid 模板）

[AC-wlan-vap-prof-vap1]**security-profile sec1**　　（引用安全模板 sec1）

[AC-wlan-vap-prof-vap1]**ssid-profile ssid1**　　（引用 ssid 模板 ssid1）

[AC-wlan-vap-prof-vap1]**quit**

（以下配置在无线射频上引用 vap 模板）

[AC-wlan-view]**ap-group name ap-g1**　　（进入 ap 组 ap-g1）

[AC-wlan-ap-group-ap1]**vap-profile vap1 wlan 1 radio 0**　　（绑定 vap 模板到射频 0 上）

[AC-wlan-ap-group-ap1]**vap-profile vap1 wlan 1 radio 1**　　（绑定 vap 模板到射频 1 上）

[AC-wlan-ap-group-ap1]

第四步：测试。

（1）当上述所有步骤完成后，拓扑图 4-1 中的两个 AP 将发射无线信号，该图的最终效果如图 4-2 所示，表明配置已经生效。

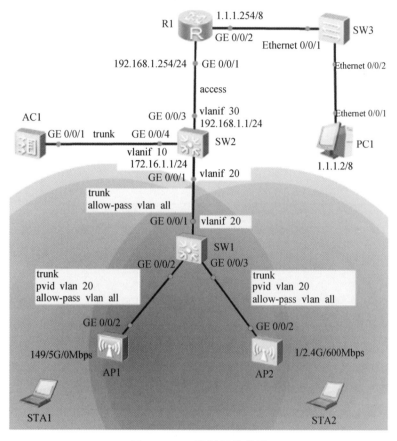

图 4-2　AP 发射无线信号

（2）在 AC1 上使用 display ap all 命令，查看当前的 AP 连接情况，结果如图 4-3 所示，表明 AC1 已经成功为 AP 分配 IP 地址，其中，AP1 的 IP 地址为 192.168.2.220，AP2 的 IP 地址为 192.168.2.38。

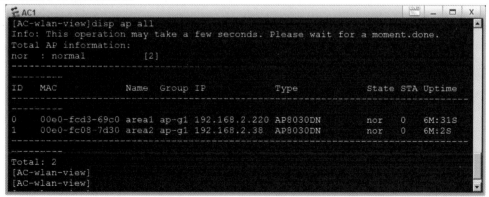

图 4-3　AC1 成功为 AP1、AP2 自动分配 IP 地址

（3）双击 STA1，将弹出如图 4-4 所示界面，选择 Vap 标签，然后选中 Vap 列表中的一个连接（比如射频类型为 802.11bgn 的连接），单击右边"连接"按钮，将弹出如图 4-5 所示界面。

图 4-4　STA 连接到 AP 信号

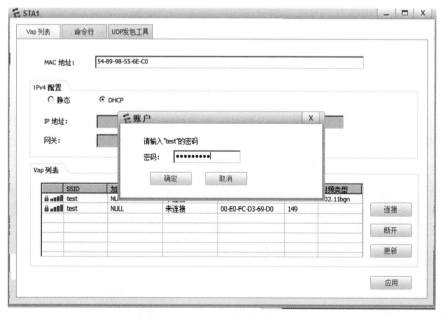

图 4-5　输入无线连接密码

在图 4-5 中，输入连接无线网络的密码 admin@123，单击确定，稍后将出现如图 4-6 所示界面，其中 Vap 列表中显示出状态"已连接"，表明 STA1 连接 AP1 已经完全成功。

图 4-6　连接成功

（4）在 STA1 窗口中，选择"命令行"标签，使用命令 ipconfig，将显示出 STA1 已经自动获取得到的 IP 地址、子网掩码和网关等信息，如图 4-7 所示。

图 4-7　STA1 自动获取的 IP 地址等信息

（5）在 PC1 上，使用命令 ping 172.16.1.254，测试与 STA1 的网络连通性，结果如图 4-8 所示，表明 PC1 与 STA1 已经网络互通。

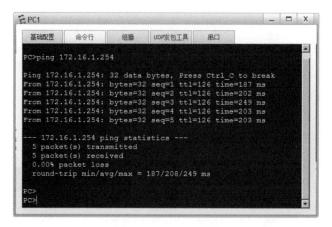

图 4-8 测试 PC1 与 STA1 的网络连通性

（6）在 STA1 上，使用命令 ping 1.1.1.2，测试与 PC1 的网络连通性，结果如图 4-9 所示，表明 PC1 与 STA1 已经互通。

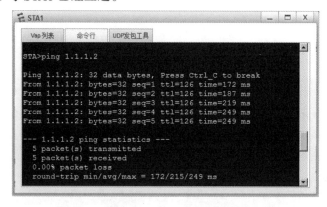

图 4-9 测试 STA1 与 PC1 的网络连通性

同理，按照上述步骤可测试 STA2 与 PC1 的连通性。

（7）测试 STA1 与 STA2 的连通性，如图 4-10 所示，表明 STA1 与 STA2 已经互通。

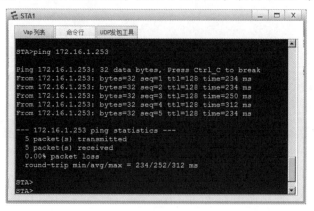

图 4-10 测试 STA1 与 STA2 的网络连通性

第 5 章

IPSec 技术和 BFD 技术

5.1 IPSec 技术

IPSec（Internet Protocol Security）是 IETF（Internet Engineering Task Force，互联网工程任务组）制定的一组开放的、用于提供网络层安全的网络安全协议，它同时支持 IPv4 和 IPv6 网络。它不是一项单独的协议，而是一个高度模块化的框架，其中包含一系列为 IP 网络提供安全性保护的协议和服务。

在 IPSec 定义的框架中，提供了两种可选择的封装协议：ESP（Encapsulating Security Payload，封装安全负载）和 AH（Authentication Header，认证头部）。AH 提供通信方身份认证、完整性保护两种服务（AH 定义的头部封装格式如图 5-1 所示），而 ESP 协议在 AH 提供的两种服务基础上增加了数据加密的服务（ESP 定义的头部封装格式如图 5-2 所示）。目前主要用 ESP 协议作为 IPSec 协议栈中的封装协议，华为设备上默认的协议为 ESP。

IPSec 框架没有强行规定使用某种认证算法和加密算法。可选择的认证算法包括：MD5、SHA-1、SHA-2 等。若使用 ESP 封装协议，则可供选择的加密算法包含：3DES、DES、AES 等。在 IPSec 框架中通过 IKE（Internet Key Exchange，密钥交换协议）来实现安全的密钥交换。目前 IKE 有两个版本：IKEv1 和 IKEv2。

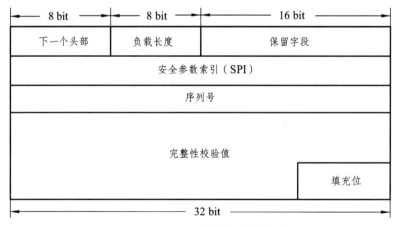

图 5-1　AH 定义的头部封装格式

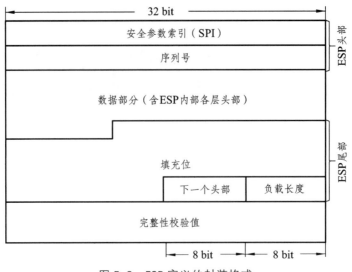

图 5-2 ESP 定义的封装格式

IPSec 还提供了两种封装方式进行选择：一种是传输模式，这种模式是将 IPSec 封装协议封装在传输头部之外，然后再封装网络层头部，如表 5-1、5-2 所示；第二种封装方式是隧道模式，这种封装模式是将 IPSec 封装协议封装在网络层头部之外，然后在封装后的受保护数据之外再封装另一个网络层头部，如表 5-3、5-4 所示。

表 5-1 AH 协议的传输模式封装

IPv4 头部 协议号：51	AH 头部 下一个头部：6	TCP 头部	应用层消息

图 5-2 ESP 协议的传输模式封装

IPv4 头部 协议号：50	ESP 头部	TCP 头部 （加密）	数据部分 （加密）	ESP 头部 下一个头部： 6（加密）	完整性校验

表 5-3 AH 协议的隧道模式封装

新 IPv4 头部 协议号：51	AH 头部 下一个头部：4	原 IPv4 头部 协议号：6	TCP 头部	应用层消息

表 5-4 ESP 协议的隧道模式封装

新 IPv4 头部 协议号：50	ESP 头部	原 IPv4 头部 协议号：6 （加密）	TCP 头部	数据部分 （加密）	ESP 尾部下一 个头部： 4（加密）	完整性校验

总而言之：IPSec 是一个可供管理员选择不同封装协议、不同认证与加密算法、不同密钥共享手段、不同封装方式的网络层安全框架。华为设备 SA（Security Association, 安全关联）手工配置 IPSec 常见命令格式如表 5-5 所示。

表 5-5　华为设备 SA 手工配置 IPSec 常见命令格式及功能

命令	功能
ipsec proposal <协议名>	创建安全协议
ipsec policy <安全策略协商方式名> <序列号> manual	设置安全策略协商方式为 manual
security acl <ACL 编号>	指定创建好的安全策略引用访问控制列表
proposal <协议名>	指定创建好的安全策略引用创建的安全协议
tunnel <local|remote> <IP 地址>	设置安全隧道本端/对端地址
sa spi <inbound/outbound> <选用的封装协议> <入口/出口方向>	设置入口/出口采用的封装协议
sa string-key <inbound/outbound> <选用的封装协议> cipher　<密钥>	设置密钥

1. 网络拓扑结构

华为设备 SA 手工配置 IPSec 实验网络拓扑结构如图 5-3 所示。

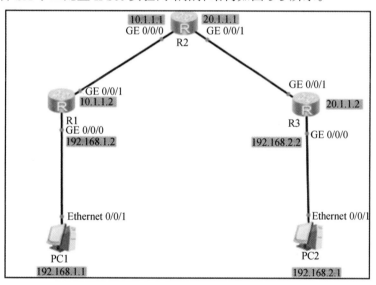

图 5-3　SA 手工配置 IPSec 实验拓扑图

2. 具体要求

（1）配置主机 IP 地址和子网掩码。

（2）在路由器上启用访问控制列表（ACL）。

（3）创建 IPSec 安全提议、指定用来建立 IPSec 连接的各种参数，其中包括数据封装模式（传输模式或隧道模式）、认证算法（sha2-256）和加密算法（AES-128 加密算法）等。

创建 IKE 安全提议，并指定 IKE 的各种参数。

创建 IKE 对等体，并在其中引用配置的 IKE 安全提议。

创建 IPSec 安全策略，并在其中应用 ACL、IPSec 安全提议和 IKE 对等体。

（4）配置路由器地址以及静态路由。

（5）主机互通测试。

3. 配置步骤

准备工作：根据图 5-3 的网络拓扑结构，在华为 eNSP 模拟器中，正确连接各个设备。正确配置 PC1、PC2 的 IP 地址和子网掩码。

第一步：配置主机 PC1、PC2 的 IP 地址等信息（双击主机配置，无需输入命令），如图 5-4、图 5-5 所示。

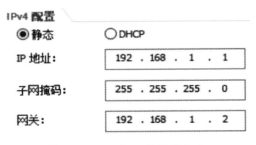

图 5-4　PC1 的 IP 地址等信息

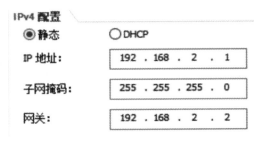

图 5-5　PC2 的 IP 地址等信息

第二步：在 R1、R3 路由器上启用 acl 协议。

R1：

<Huawei>**undo terminal monitor**

<Huawei>**system-view**

[Huawei]**sysname R1**

[R1]**acl number 3000**　　　　　　　　　　　　　（新建编号为 3000 的 acl 协议）

[R1-acl-adv-3000] **rule 5 permit ip source 192.168.1.0 0.0.0.255 destination 192.168.2.0 0.0.0.255**　　　（允许 192.168.1.0 网段的主机访问 192.168.2.0 网段的主机）

R3：

<Huawei>**undo terminal monitor**

<Huawei>**system-view**

[Huawei]**sysname R3**

[R3]**acl number 3000**　　　　　　　　　　　　　（新建编号为 3000 的 acl 协议）

[R3-acl-adv-3000]**rule 5 permit ip source 192.168.2.0 0.0.0.255 destination 192.168.1.0 0.0.0.255**　　（允许 192.168.2.0 网段的主机访问 192.168.1.0 网段的主机）

第三步：配置 IPSec。

R1：

[R1-acl-adv-3000]**ipsec proposal FXR**　　　　　（创建名为 FXR 的安全协议）

[R1-ipsec-proposal-FXR]**ipsec policy FXR 10 manual**　　（创建名为 FXR，协商方式为 manual 的安全策略）

[R1-ipsec-policy-manual-FXR-10]**security acl 3000**　　（指定 FXR 策略引用访问控制列表 3000）

[R1-ipsec-policy-manual-FXR-10]**proposal FXR**　　（指定 FXR 策略引用 FXR 协议）

[R1-ipsec-policy-manual-FXR-10]**tunnel local 10.1.1.2**　　（设置安全隧道本端地址）

[R1-ipsec-policy-manual-FXR-10]**tunnel remote 20.1.1.2**　　（设置安全隧道对端地址）

[R1-ipsec-policy-manual-FXR-10]**sa spi inbound esp 123456**（入口封装协议采用 esp）

[R1-ipsec-policy-manual-FXR-10]**sa string-key inbound esp cipher admin@123**（设置密钥）

[R1-ipsec-policy-manual-FXR-10]**sa spi outbound esp 54321**　　（出口封装协议采用 esp）

[R1-ipsec-policy-manual-FXR-10]**sa string-key outbound esp cipher admin@123**（设置密钥）

需要说明的是，缺省情况下，使用 ipsec proposal 命令创建的安全协议采用 esp 协议、MD5 认证算法和隧道封装模式。这里只定义了 esp 协议，默认使用 MD5 算法和隧道封装模式。

R3：

[R3-acl-adv-3000]**ipsec proposal FXR**　　　　　（创建名为 FXR 的安全协议）

[R3-ipsec-proposal-FXR]**ipsec policy FXR 10 manual**　　（创建名为 FXR，协商方式为 manual 的安全策略）

[R3-ipsec-policy-manual-FXR-10]**security acl 3000**　　（指定 FXR 策略引用访问控制列表 3000）

[R3-ipsec-policy-manual-FXR-10]**proposal FXR** （指定 FXR 策略引用 FXR 协议）

[R3-ipsec-policy-manual-FXR-10]**tunnel local 20.1.1.2** （设置安全隧道本端地址）

[R3-ipsec-policy-manual-FXR-10]**tunnel remote 10.1.1.2** （设置安全隧道对端地址）

[R3-ipsec-policy-manual-FXR-10]**sa spi inbound esp 12345**（入口封装协议采用 esp）

[R3-ipsec-policy-manual-FXR-10]**sa string-key inbound esp cipher admin@123** （设置密钥）

[R3-ipsec-policy-manual-FXR-10]**sa spi outbound esp 54321**（出口封装协议采用 esp）

[R3-ipsec-policy-manual-FXR-10]**sa string-key outbound esp cipher admin@123**（设置密钥）

第四步：配置路由器地址以及静态路由。

R1：

[R1-ipsec-policy-manual-FXR-10]**interface g0/0/0**

[R1-GigabitEthernet0/0/0]**ip address 192.168.1.2 255.255.255.0**

[R1-GigabitEthernet0/0/0]**interface g0/0/1**

[R1-GigabitEthernet0/0/1]**ip address 10.1.1.2 255.255.255.0**

[R1-GigabitEthernet0/0/1]**ipsec policy FXR** （启用 FXR 安全策略）

[R1-GigabitEthernet0/0/1]**ip route-static 192.168.2.0 255.255.255.0 10.1.1.1**

R3：

[R3-ipsec-policy-manual-FXR-10]**interface g0/0/0**

[R3-GigabitEthernet0/0/0]**ip address 192.168.2.2 255.255.255.0**

[R3-GigabitEthernet0/0/0]**interface g0/0/1**

[R3-GigabitEthernet0/0/1]**ip address 20.1.1.2 255.255.255.0**

[R3-GigabitEthernet0/0/1]**ipsec policy FXR** （启用 FXR 安全策略）

[R3-GigabitEthernet0/0/1]**ip route-static 192.168.1.0 255.255.255.0 20.1.1.1**

R2：

<Huawei>**undo terminal monitor**

<Huawei>**system-view**

[Huawei]**sysname R2**

[R2]**interface g0/0/0**

[R2-GigabitEthernet0/0/0]**ip address 10.1.1.1 255.255.255.0**

[R2-GigabitEthernet0/0/0] **interface g0/0/1**

[R2-GigabitEthernet0/0/1]**ip address 20.1.1.1 255.255.255.0**

第五步：PC1 与 PC2 的互通性测试、加密传输测试，如图 5-6 所示。

图 5-6　PC1 与 PC2 的互通性测试

从图 5-7 所示的抓包结果中看出，主机互通且在隧道中为加密传输（R1 的接口地址：10.1.1.2；R3 的接口地址：20.1.1.2；抓包接口：R2 的 g0/0/1 接口）。

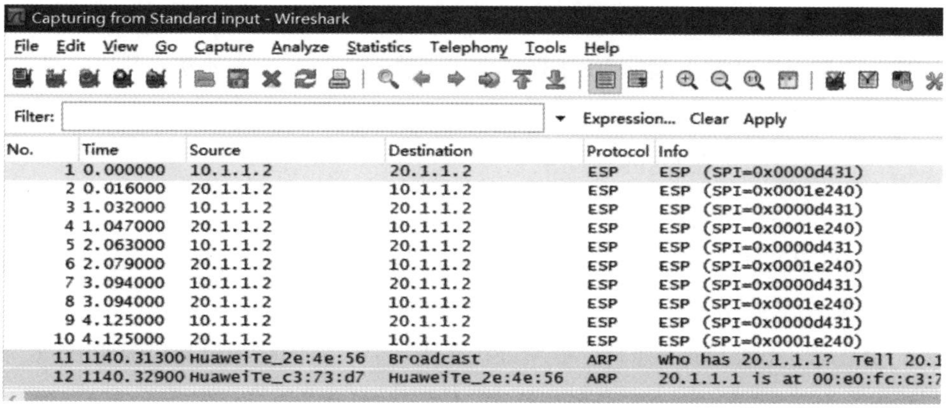

图 5-7　R2 g0/0/1 口抓包结果

5.2　双向转发 BFD 技术

双向转发检测 BFD（Bidirectional Forwarding Detection）是一种全网统一的、用于检测转发引擎之间通信故障的检测机制。

BFD 对两个系统间的、同一路径上的同一种数据协议的连通性进行检测，这条路径可以是物理链路或逻辑链路，包括隧道。网络上的链路故障或拓扑变化都会导致设备重新进行路由计算，所以缩短路由协议的收敛时间对于提高网络的性能是非常重要的。

由于链路故障是无法完全避免的，因此，加快故障感知速度并将故障快速通告给路由协议是一种可行的方案。BFD 和 OSPF 相关联，一旦与邻居之间的链路出现故障，BFD 能够加快 OSPF 的收敛速度。

表 5-6　有无 BDF 与 OSPF 联动功能对比

有无 BFD	链路故障检测机制	收敛速度
无 BFD	OSPF Dead 定时器超时（默认配置 40 秒）	秒级
有 BFD	BFD 会话状态为 Down	毫秒级

BFD 在两台网络设备上建立会话，用来检测网络设备间的双向转发路径，为上层应用服务。会话建立后会周期性地快速发送 BFD 报文，如果在检测时间内没有收到 BFD 报文则认为该双向转发路径发生了故障，通知被服务的上层应用进行相应的处理。

BFD 协议本身没有邻居发现机制，BFD 邻居的创建依赖于上层的应用。根据 BFD 会话建立过程可以将其分为动态 BFD 和静态 BFD。动态 BFD，是通过上层应用（例如 OSPF）的邻居发现机制，有上层应用将邻居信息发送到 BFD 模块，BFD 则根据接收到的邻居信息创建会话并建立自己的邻居；静态 BFD，是通过静态配置手动添加对端的邻居信息来创建会话，静态 BFD 配置完后，会定时发送 BFD 控制报文。只有对端接口也开启 BFD 的情况下并对本端的 BFD 报文做出正确应答后，双方才建立邻居信息。BFD 的工作过程如下：

（1）三台设备间建立 OSPF 邻居关系。

（2）邻居状态到达 Full 状态时通知 BFD 建立 BFD 会话。

（3）R1 到 R2 的路由出接口为 G0/0/1，当这两台设备间的链路出现故障后，BFD 首先感知到并通知 R1。

（4）R1 处理邻居 Down 事件，重新进行路由计算，新的路由出接口为 G0/0/2，经过 R3 到达 R2。

下面介绍华为设备 OSPF 与 BFD 联动配置技术，配置命令和功能如表 5-7 所示。

表 5-7　华为设备 BFD 配置命令及其功能

命令	功能
bfd all-interfaces enable	在所有接口上启用 BFD 功能
ospf bfd enable	对 ospf 进程启用 BFD 功能
ospf bfd min-tx-interval <毫秒数> min-rx-interval <毫秒数> detect-multiplier <本地检测时间倍数>	指定最小发送和接收间隔，以及本地检测时间倍数

1. 网络拓扑结构

华为设备 OSPF 与 BFD 联动配置拓扑结构如图 5-8 所示。

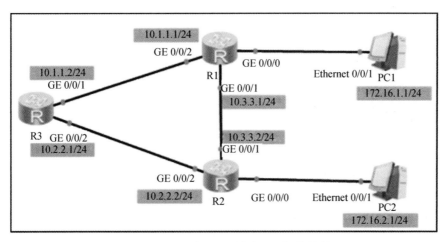

图 5-8　OSPF 与 BFD 联动配置拓扑结构

2. 具体要求

（1）配置主机 PC1、PC2 的 IP 地址等信息。

（2）在路由器上配置各端口 IP 地址。

（3）配置 OSPF。

（4）启用 BFD 功能，指定最小发送和接收间隔为 500 ms，本地检测时间倍数为 4。

（5）通过命令验证配置。

3. 配置步骤

准备工作：根据图 5-8 的网络拓扑结构，在华为 eNSP 模拟器中，正确连接各个设备并启动。

第一步：配置主机 PC1、PC2 的 IP 地址等信息，分别如图 5-9、图 5-10 所示。

图 5-9　配置 PC1 的 IP 地址等信息

图 5-10　配置 PC2 的 IP 地址等信息

第二步：在名为 R1、R2、R3 的路由器上配置端口 IP 地址。

R1：

\<Huawei\>**undo terminal monitor** （关闭路由器的调试、日志各项信息显示功能）

\<Huawei\>**system-view** （进入系统视图）

[Huawei]**sysname R1** （将路由器命名为 R1）

[R1]**interface g0/0/0** （进入接口 GigabitEthernet0/0/0）

[R1-GigabitEthernet0/0/0]**ip address 172.16.1.1 24** （配置接口 IP 地址和子网掩码）

[R1-GigabitEthernet0/0/2]**interface g0/0/1**

[R1-GigabitEthernet0/0/1]**ip address 10.3.3.1 24**

[R1-GigabitEthernet0/0/0]**interface g0/0/2**

[R1-GigabitEthernet0/0/2]**ip address 10.1.1.1 24**

R2：

\<Huawei\>**undo terminal monitor**

\<Huawei\>**system-view**

[Huawei]**sysname R2**

[R2]**interface g0/0/0**

[R2-GigabitEthernet0/0/0]**ip address 172.16.2.1 24**

[R2-GigabitEthernet0/0/0]**interface g0/0/1**

[R2-GigabitEthernet0/0/1]**ip address 10.3.3.2 24**

[R2-GigabitEthernet0/0/1]**interface g0/0/2**

[R2-GigabitEthernet0/0/2]**ip address 10.2.2.2 24**

R3：

\<Huawei\>**undo terminal monitor**

\<Huawei\>**system-view**

[Huawei]**sysname R3**

[R3]**interface g0/0/1**

[R3-GigabitEthernet0/0/1]**ip address 10.1.1.2 24**

[R3-GigabitEthernet0/0/1]**interface g0/0/2**

[R3-GigabitEthernet0/0/2]**ip address 10.2.2.1 24**

第三步：配置 ospf。

R1：

[R1]**ospf 100** （进入 ospf 视图，启动 OSPF 的 100 号进程）

[R1-ospf-100]**area 0**（创建并进入 OSPF 区域视图，区域编号为 0，即进入主干区域）

[R1-ospf-100-area-0.0.0.0]**network 172.16.1.0 0.0.0.255** （配置本区域网段 172.16.1.0/24）

[R1-ospf-100-area-0.0.0.0]**network 10.1.1.0 0.0.0.255** （配置本区域网段 10.1.1.0/24）

[R1-ospf-100-area-0.0.0.0]**network 10.3.3.0 0.0.0.255**　　（配置本区域包含的网段
10.3.3.0/24）

R2：

[R2]**ospf 100**

[R2-ospf-100]**area 0**

[R2-ospf-100-area-0.0.0.0]**network 172.16.2.0 0.0.0.255**

[R2-ospf-100-area-0.0.0.0]**network 10.2.2.0 0.0.0.255**

[R2-ospf-100-area-0.0.0.0]**network 10.3.3.0 0.0.0.255**

R3：

[R3]**ospf 100**

[R3-ospf-100]**area 0**

[R3-ospf-100-area-0.0.0.0]**network 10.1.1.0 0.0.0.255**

[R3-ospf-100-area-0.0.0.0]**network 10.2.2.0 0.0.0.255**

第四步：对 OSPF 进程 100 启用 BFD 功能，并在接口上启用 BFD 功能，指定最小
发送和接收间隔为 500 ms，本地检测时间倍数为 4。

R1：

[R1]**bfd**

[R1-bfd]**quit**

[R1]**ospf 100**

[R1-ospf-100]**bfd all-interfaces enable**　　　　（在接口上启用 BFD 功能）

[R1-ospf-100]**quit**

[R1]**interface g0/0/2**　　　　　　　　　　（进入 g0/0/2 接口）

[R1-GigabitEthernet0/0/2]**ospf bfd enable**　　（对 ospf 进程 100 启动 BFD 功能）

[R1-GigabitEthernet0/0/2]**ospf bfd min-tx-interval 500 min-rx-interval 500 detect-
multiplier 4**　　　　（指定最小发送和接收间隔为 500 ms，本地检测时间倍数为 4）

[R1-GigabitEthernet0/0/2]**quit**

R2：

[R2]**bfd**

[R2-bfd]**quit**

[R2]**ospf 100**

[R2-ospf-100]**bfd all-interfaces enable**

[R2-ospf-100]**quit**

[R2]**interface g0/0/2**

[R2-GigabitEthernet0/0/2]**ospf bfd enable**

[R2-GigabitEthernet0/0/2]**ospf bfd min-tx-interval 500 min-rx-interval 500
detect-multiplier 4**

[R2-GigabitEthernet0/0/2]**quit**

R3：

[R3]**bfd**

[R3-bfd]**quit**

[R3]**ospf 100**

[R3-ospf-100]**bfd all-interfaces enable**

[R3-ospf-100]**quit**

第五步：验证。

（1）在 R2 上查看 OSPF 进程的外部路由的下一跳地址，以此判断是否采用主链路。执行命令 display ospf routing，结果如图 5-11 可知到 172.16.1.1 的下一跳为路由 10.3.3.1，此时采用主链路。

```
<R2>display ospf routing

        OSPF Process 100 with Router ID 172.16.2.1
                Routing Tables

Routing for Network
Destination       Cost  Type      NextHop        AdvRouter      Area
10.2.2.0/24       1     Transit   10.2.2.2       172.16.2.1     0.0.0.0
10.3.3.0/24       1     Transit   10.3.3.2       172.16.2.1     0.0.0.0
172.16.2.0/24     1     Stub      172.16.2.1     172.16.2.1     0.0.0.0
10.1.1.0/24       2     Transit   10.3.3.1       172.16.1.1     0.0.0.0
10.1.1.0/24       2     Transit   10.2.2.1       172.16.1.1     0.0.0.0
172.16.1.0/24     2     Stub      10.3.3.1       172.16.1.1     0.0.0.0

Total Nets: 6
Intra Area: 6  Inter Area: 0  ASE: 0  NSSA: 0
```

图 5-11　判断 R2 是否采用主链路

（2）在任一设备上查看 OSPF 的邻居状态。以 R1 为例。

执行命令 display ospf peer，结果如图 5-12 所示，查看 OSPF 的邻居状态，OSPF 邻居状态均为 Full，因此启用 OSPF 进程的 BFD 功能后将自动建立 BFD 会话。

```
<R1>display ospf peer

        OSPF Process 100 with Router ID 172.16.1.1
                Neighbors

Area 0.0.0.0 interface 10.3.3.1(GigabitEthernet0/0/1)'s neighbors
Router ID: 172.16.2.1      Address: 10.3.3.2
 State: Full  Mode:Nbr is  Master  Priority: 1
 DR: 10.3.3.1  BDR: 10.3.3.2  MTU: 0
 Dead timer due in 34  sec
 Retrans timer interval: 5
 Neighbor is up for 00:13:28
 Authentication Sequence: [ 0 ]

                Neighbors

Area 0.0.0.0 interface 10.1.1.1(GigabitEthernet0/0/2)'s neighbors
Router ID: 10.1.1.2        Address: 10.1.1.2
 State: Full  Mode:Nbr is  Slave  Priority: 1
 DR: 10.1.1.1  BDR: 10.1.1.2  MTU: 0
 Dead timer due in 35  sec
 Retrans timer interval: 5
 Neighbor is up for 00:11:40
 Authentication Sequence: [ 0 ]
```

图 5-12　查看 OSPF 的邻居状态

（3）在 R2 上执行命令 display ospf bfd session all，结果如图 5-13 所示，可以看到 BFD 会话状态为 Up。

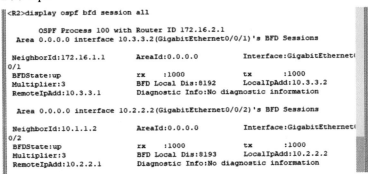

```
<R2>display ospf bfd session all

       OSPF Process 100 with Router ID 172.16.2.1
 Area 0.0.0.0 interface 10.3.3.2(GigabitEthernet0/0/1)'s BFD Sessions

NeighborId:172.16.1.1      AreaId:0.0.0.0          Interface:GigabitEthernet
0/1
 BFDState:up               rx    :1000            tx     :1000
 Multiplier:3              BFD Local Dis:8192      LocalIpAdd:10.3.3.2
 RemoteIpAdd:10.3.3.1      Diagnostic Info:No diagnostic information

 Area 0.0.0.0 interface 10.2.2.2(GigabitEthernet0/0/2)'s BFD Sessions

NeighborId:10.1.1.2        AreaId:0.0.0.0          Interface:GigabitEthernet
0/2
 BFDState:up               rx    :1000            tx     :1000
 Multiplier:3              BFD Local Dis:8193      LocalIpAdd:10.2.2.2
 RemoteIpAdd:10.2.2.1      Diagnostic Info:No diagnostic information
```

图 5-13　查看 BFD 会话状态

（4）在 R1 接口 GigabitEthernet 0/0/2 上，执行命令 shutdown，结果如图 5-14 所示。R2 查看 OSPF 路由表可知到 172.16.1.1 的下一跳为路由 10.2.2.1，此时采用备份链路。

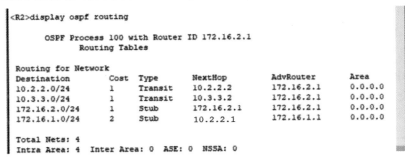

```
<R2>display ospf routing

       OSPF Process 100 with Router ID 172.16.2.1
             Routing Tables

Routing for Network
Destination      Cost  Type     NextHop       AdvRouter     Area
10.2.2.0/24      1     Transit  10.2.2.2      172.16.2.1    0.0.0.0
10.3.3.0/24      1     Transit  10.3.3.2      172.16.2.1    0.0.0.0
172.16.2.0/24    1     Stub     172.16.2.1    172.16.2.1    0.0.0.0
172.16.1.0/24    2     Stub     10.2.2.1      172.16.1.1    0.0.0.0

Total Nets: 4
Intra Area: 4  Inter Area: 0  ASE: 0  NSSA: 0
```

图 5-14　查看 R2 是否使用备份链路

第6章

PPP 安全认证技术

6.1 基于 PAP 的 PPP 安全认证技术实践

点到点协议 PPP（Point-to-Point）是目前在点对点链路上应用最广泛的广域网数据链路层协议，它提供了两种可选的身份认证方法，它们分别是 PAP 和 CHAP。PAP（Password Authentication Protocol）的中文含义是密码认证协议，它是一种相对简单的身份验证协议。PAP 具有以下三个特点：

① PAP 使用 2 次握手机制来进行远程节点的身份验证。

② 在 PPP 链路建立阶段完成后，远程节点（被认证方）将不停地在链路上反复发送验证信息，包括明文的用户名和密码，直到身份验证通过或者连接被终止。

③ PAP 认证是由被认证方发起请求。

华为设备 PAP 配置命令及其功能如表 6-1 所示。

表 6-1　华为设备 PAP 配置命令及其功能

命令	功能
aaa	进入 AAA 配置模式
local-user <name> password <simple | cipher> <password>	主认证方使用这条命令配置验证所需的用户名<name>和口令<password>。参数 simple 表示以明文的方式显示后面的口令；参数 cipher 表示以密文的方式显示后面的口令
local-user <name> service-type ppp	创建基于 PPP 协议的远程用户<name>
link-protocol ppp	将串行接口的封装方式设定为 PPP
ppp authentication-mode pap	指定 PPP 协议的身份验证协议为 PAP
ppp pap local-user <username> password <simple | cipher> <password>	配置 PAP 验证的本地用户名为<username>和密码为<password>
display interface <串行口>	查看串行口使用的数据链路层协议、IP 地址等接口状态

1. 拓扑结构

基于 PAP 的 PPP 安全认证拓扑结构如图 6-1 所示。

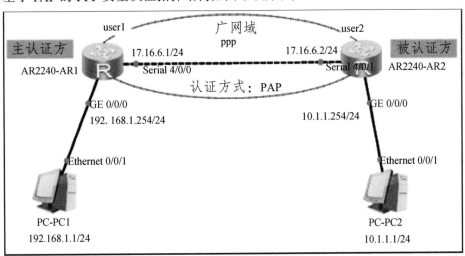

图 6-1　基于 PAP 的 PPP 安全认证拓扑结构

2. 具体要求

（1）在路由器 R1、R2 中添加高速同步串行接口，接口类型为 Serial。

（2）设置 R1 和 R2 的各接口 IP 地址，设置 PC1、PC2 的 IP 地址和子网掩码，如图 6-1 所示。

（3）在主认证端 R1 中启动 AAA，创建基于 PPP 协议的用户 user2，并设置密码 wgbw2006。在被认证端 R2 中启动 AAA，创建基于 PPP 协议的用户 user1，并设置密码 wgbw2006。

（4）在主认证端 R1 中将串行接口的封装方式设定为 PPP，指定 PPP 协议的身份验证协议为 PAP，配置 PAP 验证的本地用户名称 user1。

（5）在被认证端 R2 中将串行接口的封装方式设定为 PPP，指定 PPP 协议的身份验证协议为 PAP，配置 PAP 验证的本地用户名称 user2。

（6）配置路由。

（7）测试 PC1 和 PC2 的连通性，抓包分析。

（8）测试成功后，保存配置结果。

3. 实现技术

① 准备工作：选择华为 eNSP 模拟器中的 AR2240 路由器，关闭电源，添加模块[同异步 WAN 接口（2SA）]。

② Serial 连接线连接。

第 1 步：设置 R1 和 R2 的各接口 IP 地址。

R1：

<Huawei>**undo terminal monitor**

Info: Current terminal monitor is off.

<Huawei>**system-view**

Enter system view，　return user view with Ctrl+Z.

[Huawei]**sysname　R1**

[R1]**interface　s4/0/0**

[R1-Serial4/0/0]**ip　address 17.16.6.1　24**

[R1-Serial4/0/0]**interface g0/0/0**

[R1-GigabitEthernet0/0/0]**ip address　192.168.1.254　24**

[R1-GigabitEthernet0/0/0]**quit**

R2：

<Huawei>**system-view**

Enter system view，　return user view with Ctrl+Z.

[Huawei]**sysname　R2**

[R2]**interface　s3/0/1**

[R2-Serial3/0/1]**ip address 17.16.6.2　24**

[R2-Serial3/0/1]**interface　g0/0/0**

[R2-GigabitEthernet0/0/0]**ip　address 10.1.1.254　24**

第 2 步：在主认证端 R1 和被认证端 R2 中均启动 AAA，创建基于 PPP 协议的用户，并设置密码 wgbw2006。

[R1]**aaa**

[R1-aaa]**local-user　?**

STRING<1-64>　　User name，　in form of 'user@domain'. Can use wildcard '*',

　　　　　　　　while displaying and modifying，　such as *@isp，user@*，*@*.Can

　　　　　　　　not include invalid character / \ : * ? " < > | @ '

wrong-password　Use wrong password to authenticate

[R1-aaa]**local-user　user2　?**

access-limit　Set access limit of user（s）

ftp-directory　Set user（s）FTP directory permitted

idle-timeout　Set the timeout period for terminal user（s）

password　　　Set password

privilege　　Set admin user（s）level

service-type　Service types for authorized user（s）

state　　　　Activate/Block the user（s）

user-group　　User group

[R1-aaa]**local-user　user2　password　?**

cipher　User password with cipher text

[R1-aaa]**local-user　user2　password　cipher　?**

STRING<1-32>/<32-56>　The UNENCRYPTED/ENCRYPTED password string

[R1-aaa]**local-user　user2　password　cipher　wgbw2006**

（创建验证所需的用户 user2，并设置密文 wgbw2006）

Info: Add a new user.

[R1-aaa]**local-user　user2　service-type　?**

8021x　　　802.1x user

bind　　　Bind authentication user

ftp　　　FTP user

http　　　Http user

ppp　　　PPP user

ssh　　　SSH user

sslvpn　　Sslvpn user

telnet　　Telnet　user

terminal　Terminal user

web　　　Web authentication user

x25-pad　X25-pad user

[R1-aaa]**local-user　user2　service-type　ppp**　（创建基于 PPP 协议的远程用户 user2）

[R1-aaa]**quit**

[R2]**aaa**

[R2-aaa]**local-user　user1　password　cipher　wgbw2006**

（创建验证所需的用户 user1，并设置密文 wgbw2006）

[R2-aaa]**local-user　user1　service-type　ppp**　（创建基于 PPP 协议的远程用户 user1）

第 3 步：在主认证端 R1 和被认证端 R2 均将串行接口的封装方式设定为 PPP，配置 PAP 验证的本地用户名，指定 PPP 协议的身份验证协议为 PAP。

[R1]**interface　s4/0/0**

[R1-Serial4/0/0]**link-protocol　?**

fr　　Select FR as line protocol

hdlc　Enable HDLC protocol

lapb　LAPB（X.25 level 2 protocol）

ppp　　Point-to-Point protocol

sdlc　SDLC（Synchronous Data Line Control）　protocol

x25   X.25 protocol

[R1-Serial4/0/0]**link-protocol   ppp**   （把串行接口的封装方式设定为 PPP）

[R1-Serial4/0/0]**ppp   authentication-mode   ?**

chap   Enable CHAP authentication

pap   Enable PAP authentication

[R1-Serial4/0/0]**ppp   authentication-mode   pap**   （指定 PPP 协议的身份验证协议

为 PAP）

[R1-Serial4/0/0]**ppp   pap   local-user   ?**

STRING<1-64>   User name

[R1-Serial4/0/0]**ppp pap local-user user1 password   simple ?**

STRING<1-32>   Character string of password

[R1-Serial4/0/0]**ppp   pap   local-user   user1   password   simple   wgbw2006**

（指定 PAP 验证的本地用户名为 user1，并设定密码为 wgbw2006）

[R1-Serial4/0/0]**quit**

[R2]**interface   s4/0/1**

[R2-Serial4/0/1]**link-protocol   ppp**   （把串行接口的封装方式设定为 PPP）

[R2-Serial4/0/1]**ppp   authentication-mode   pap**   （指定 PPP 协议的身份验证协议

为 PAP）

[R2-Serial4/0/1]**ppp   pap   local-user   user2   password   simple   wgbw2006**

（指定 PAP 验证的本地用户名为 user2，并设定密码为 wgbw2006）

[R2-Serial4/0/1]**quit**

第 4 步：测试两台路由器的连通性。

[R1]**ping   17.16.6.2**

PING 17.16.6.2: 56   data bytes，   press CTRL_C to break

Reply from 17.16.6.2: bytes=56 Sequence=1 ttl=255 time=60 ms

Reply from 17.16.6.2: bytes=56 Sequence=2 ttl=255 time=20 ms

Reply from 17.16.6.2: bytes=56 Sequence=3 ttl=255 time=20 ms

Reply from 17.16.6.2: bytes=56 Sequence=4 ttl=255 time=10 ms

Reply from 17.16.6.2: bytes=56 Sequence=5 ttl=255 time=10 ms

从上面结果来看，两台路由器 R1 和 R2 能正常通信，但 PC1 到 PC2 不能连通，需要进行路由配置，具体见下一步。

第 5 步：设置静态路由。

[R1]**ip route-static   0.0.0.0   0.0.0.0   17.16.6.2**

[R2]**ip route-static   0.0.0.0   0.0.0.0   17.16.6.1**

第 6 步：再测试 PC1 到 PC2（IP 地址为 10.1.1.1）的连通性，如图 6-2 所示。

图 6-2　PC1 到 PC2 的连通性结果图

从上面的结果可以看出，两台主机 PC1 和 PC2 能正常通信了。说明上面的数据链路层 PPP 协议和 PAP 身份验证方法配置成功。

第 7 步：抓包分析。

测试 PC1 到 PC2 的连通性时，对 R2 的串口 S4/0/1 接口进行嗅探抓包，得到如图 6-3 所示的结果。

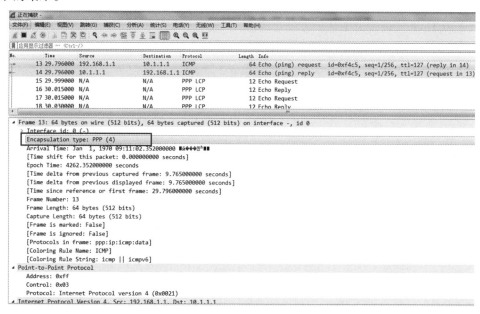

图 6-3　抓包结果图

从图 6-3 了解到，编号为 13 的帧表示从主机 192.168.1.1 采用 ICMP 协议，到目标主机 10.1.1.1 的结果。该帧采用的封装方式是 PPP，如图中方框标注。

第 8 步：保存配置结果。

<R1>**save**

The current configuration will be written to the device.

Are you sure to continue? （y/n）[n]: **y**

<R2>**save**

The current configuration will be written to the device.

Are you sure to continue? （y/n）[n]: **y**

6.2 基于 CHAP 的 PPP 安全认证技术实践

点到点协议 PPP（Point-to-Point）是目前在点对点链路上应用最广泛的广域网数据链路层协议，PPP 提供了两种可选的身份认证方法，它们分别是 PAP 和 CHAP。CHAP（Challenge Handshake Authentication Protocol），中文含义为询问握手认证协议，它是一种严谨的身份验证协议。CHAP 具有以下三个特点：

（1）CHAP 使用 3 次握手机制来进行远程节点的身份验证。在 PPP 链路建立阶段完成后，由主认证路由器发送一个询问（Challenge）信息到被认证路由器，被认证路由器使用加密后的验证信息来回应，主认证路由器将收到的验证信息与自身掌握的信息进行比较，如果两种信息匹配，身份验证将通过，否则连接将立即终止。

（2）身份验证的用户名和密码在链路上以密文的形式发送。

（3）CHAP 认证是由主认证方发起请求。

因此，与 PAP 相比，CHAP 是一种具有较好健壮性的身份验证协议。

华为设备 CHAP 配置命令及其功能如表 6-2 所示。

表 6-2 华为设备 CHAP 配置命令及其功能

命令	功能
aaa	进入 AAA 配置模式
local-user <name> password <simple | cipher> <password>	主认证方使用这条命令配置验证所需的用户名<name>和口令<password>。参数 simple 表示以明文的方式显示后面的口令；参数 cipher 表示以密文的方式显示后面的口令。
local-user <name> service-type ppp	创建基于 PPP 协议的远程用户<name>
link-protocol ppp	将串行接口的封装方式设定为 PPP
ppp authentication-mode chap	指定 PPP 协议的身份验证协议为 CHAP
ppp chap user <username>	配置 CHAP 验证的本地用户名为<username>
display interface <串行口>	查看串行口使用的数据链路层协议、IP 地址等接口状态

1. 拓扑结构

基于 CHAP 的 PPP 安全认证拓扑结构如图 6-4 所示。

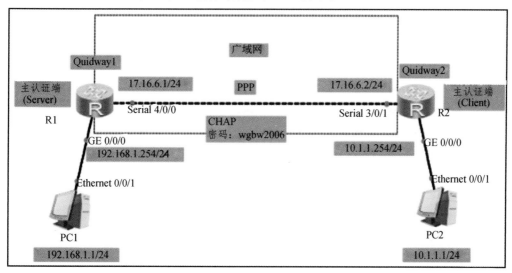

图 6-4　基于 CHAP 的 PPP 安全认证拓扑结构

2. 具体要求

（1）在路由器 R1、R2 中添加高速同步串行接口，接口类型为 Serial。

（2）设置 R1 和 R2 的各接口 IP 地址，设置 PC1 和 PC2 的 IP 地址和子网掩码，如图 6-4 所示。

（3）在主认证端 R1 中启动 AAA，创建基于 PPP 协议的用户 Quidway2，并以密文形式设置密码 wgbw2006。在被认证端 R2 中启动 AAA，创建基于 PPP 协议的用户 Quidway1，并以密文形式设置密码 wgbw2006。

（4）在主认证端 R1 中将串行接口的封装方式设定为 PPP，配置 chap 验证的本地用户名称 Quidway1，指定 PPP 协议的身份验证协议为 CHAP。

（5）在被认证端 R2 中将串行接口的封装方式设定为 PPP，配置 chap 验证的本地用户名称 Quidway2，指定 PPP 协议的身份验证协议为 CHAP。

（6）配置路由。

（7）测试 PC1 和 PC2 的连通性。

（8）查看串行口 s4/0/0 使用的数据链路层协议、IP 地址等接口状态。

（9）成功后，保存结果。

3. 实现技术

① 准备工作：选择华为 eNSP 模拟器中的 AR2240 路由器，关闭电源，添加模块[同异步 WAN 接口（2SA）]。

② 用 Serial 连接线连接。

第 1 步：设置 R1 和 R2 的各接口 IP 地址。

\<Huawei\>**undo terminal monitor**

Info: Current terminal monitor is off.

\<Huawei\>**system-view**

Enter system view, return user view with Ctrl+Z.

[Huawei]**sysname   R1**

[R1]**interface   s4/0/0**

[R1-Serial4/0/0]**ip   address 17.16.6.1   24**

[R1-Serial4/0/0]**interface g0/0/0**

[R1-GigabitEthernet0/0/0]**ip address   192.168.1.254   24**

[R1-GigabitEthernet0/0/0]**quit**

\<Huawei\>**system-view**

Enter system view， return user view with Ctrl+Z.

[Huawei]**sysname   R2**

[R2]**interface   s3/0/1**

[R2-Serial3/0/1]**ip address 17.16.6.2   24**

[R2-Serial3/0/1]**interface   g0/0/0**

[R2-GigabitEthernet0/0/0]**ip   address 10.1.1.254   24**

第 2 步：在主认证端 R1 和被认证端 R2 中均启动 AAA，创建基于 PPP 协议的用户，并以密文形式设置密码。

[R1]**aaa**

[R1-aaa]**local-user   ?**

STRING\<1-64\>   User name, in form of 'user@domain'. Can use wildcard '*',

　　　　　　　　　　while displaying and modifying, such as *@isp，user@*,*@*.Can

　　　　　　　　　　not include invalid character / \ : * ? " \< \> | @ '

wrong-password   Use wrong password to authenticate

[R1-aaa]**local-user quidway2   ?**

access-limit   Set access limit of user(s)

ftp-directory   Set user(s) FTP directory permitted

idle-timeout   Set the timeout period for terminal user(s)

password   Set password

privilege   Set admin user(s)level

service-type   Service types for authorized user(s)

state   Activate/Block the user(s)

user-group   User group

[R1-aaa]**local-user quidway2 password ?**

cipher   User password with cipher text

[R1-aaa]**local-user quidway2 password cipher ?**

STRING<1-32>/<32-56>   The UNENCRYPTED/ENCRYPTED password string

[R1-aaa]**local-user quidway2 password cipher wgbw2006**

（创建验证所需的用户 quidway2，并设置密文 wgbw2006）

Info: Add a new user.

[R1-aaa]**local-user quidway2 service-type ?**

8021x   802.1x user

bind   Bind authentication user

ftp   FTP user

http   Http user

ppp   PPP user

ssh   SSH user

sslvpn   Sslvpn user

telnet   Telnet user

terminal   Terminal user

web   Web authentication user

x25-pad   X25-pad user

[R1-aaa]**local-user quidway2 service-type ppp**   （创建基于 PPP 协议的远程用户 quidway2）

[R1-aaa]**quit**

[R2]**aaa**

[R2-aaa]**local-user quidway1 password cipher wgbw2006**

（创建验证所需的用户 quidway1，并设置密文 wgbw2006）

[R2-aaa]**local-user quidway1 service-type ppp**   （创建基于 PPP 协议的远程用户 quidway1）

第 3 步：在主认证端 R1 和被认证端 R2 中均将串行接口的封装方式设定为 PPP，配置 chap 验证的本地用户名，指定 PPP 协议的身份验证协议为 CHAP。

[R1]**interface s4/0/0**

[R1-Serial4/0/0]**link-protocol ?**

fr   Select FR as line protocol

hdlc   Enable HDLC protocol

lapb   LAPB（X.25 level 2 protocol）

ppp   Point-to-Point protocol

sdlc   SDLC（Synchronous Data Line Control） protocol

x25   X.25 protocol

[R1-Serial4/0/0]**link-protocol   ppp**   （把串行接口的封装方式设定为 PPP）

[R1-Serial4/0/0]ppp   authentication-mode   ?

chap   Enable CHAP authentication

pap   Enable PAP authentication

[R1-Serial4/0/0]**ppp   authentication-mode   chap** （指定 PPP 协议的身份验证协议为 CHAP）

[R1-Serial4/0/0]ppp   chap user   ?

STRING<1-64>   User name

[R1-Serial4/0/0]**ppp   chap   user   quidway1**   （指定 CHAP 验证的本地用户名为 quidway1）

[R1-Serial4/0/0]quit

[R2]**interface s3/0/1**

[R2-Serial3/0/1]**link-protocol   ppp**   （把串行接口的封装方式设定为 PPP）

[R2-Serial3/0/1]**ppp   authentication-mode   chap**   （指定 PPP 协议的身份验证协议为 CHAP）

[R2-Serial3/0/1]**ppp   chap user**   ?

STRING<1-64>   User name

[R2-Serial3/0/1]**ppp   chap   user   quidway2**   （指定 CHAP 验证的本地用户名为 quidway2）

[R2-Serial3/0/1]**quit**

第 4 步：测试两台路由器的连通性。

[R1]**ping   17.16.6.2**

PING 17.16.6.2: 56   data bytes，   press CTRL_C to break

Reply from 17.16.6.2: bytes=56 Sequence=1 ttl=255 time=60 ms

Reply from 17.16.6.2: bytes=56 Sequence=2 ttl=255 time=20 ms

Reply from 17.16.6.2: bytes=56 Sequence=3 ttl=255 time=20 ms

Reply from 17.16.6.2: bytes=56 Sequence=4 ttl=255 time=10 ms

Reply from 17.16.6.2: bytes=56 Sequence=5 ttl=255 time=10 ms

从上面结果来看，两台路由器 R1 和 R2 能正常通信。但 PC1 到 PC2 不能连通。需要进行路由配置，具体见下一步。

第 5 步：设置静态路由。

[R1]**ip route-static   0.0.0.0   0.0.0.0   17.16.6.2**

[R2]**ip route-static   0.0.0.0   0.0.0.0   17.16.6.1**

第 6 步：再测试 PC1 到 PC2（IP 地址为 10.1.1.1）的连通性，如图 6-5 所示。

PC1

基础配置	命令行	组播	UDP发包工具	串口

```
PC>ping 10.1.1.1

Ping 10.1.1.1: 32 data bytes, Press Ctrl_C to break
Request timeout!
From 10.1.1.1: bytes=32 seq=2 ttl=126 time=31 ms
From 10.1.1.1: bytes=32 seq=3 ttl=126 time=15 ms
From 10.1.1.1: bytes=32 seq=4 ttl=126 time=15 ms
From 10.1.1.1: bytes=32 seq=5 ttl=126 time=15 ms
```

图 6-5　PC1 到 PC2（IP 地址为 10.1.1.1）的连通性测试

从上面结果来看，两台主机 PC1 和 PC2 能正常通信了。说明上面的数据链路层 PPP 协议和 CHAP 身份验证方法配置成功。

第 7 步：查看串行口 s4/0/0 使用的数据链路层协议、IP 地址等接口状态。

<R1>**display　interface　s4/0/0**

Serial4/0/0 current state : UP

Line protocol current state : UP

Last line protocol up time : 2018-06-19 12:18:15 UTC-08:00

Description:HUAWEI，　AR Series，　Serial4/0/0 Interface

Route Port，The Maximum Transmit Unit is 1500，　Hold timer is 10（sec）

Internet Address is 17.16.6.1/24

Link layer protocol is PPP

LCP opened，　IPCP opened

Last physical up time 　 : 2018-06-19 12:18:13 UTC-08:00

Last physical down time : 2018-06-19 12:18:02 UTC-08:00

Current system time: 2018-06-19 12:21:38-08:00

Physical layer is synchronous，　Virtualbaudrate is 64000 bps

Interface is DTE，　Cable type is V11，　Clock mode is TC

Last 300 seconds input rate 6 bytes/sec 48 bits/sec 0 packets/sec

Last 300 seconds output rate 3 bytes/sec 24 bits/sec 0 packets/sec

从上面结果中的划线部分可以看出，当前路由器的 s4/0/0 串行口的 IP 地址是 17.16.6.1，子网掩码是 255.255.255.0；数据链路层使用的是 PPP 协议，链路控制协议 LCP（Link Control Protocol）进入 OPENED 状态，IP 控制协议 IPCP（Internet protocol control protocol）已经开放，IPCP 协议负责在点对点连接的两端配置、使能和去使能 IP 协议模块。

第 9 步：保存配置结果。

<R1>**save**

The current configuration will be written to the device.

Are you sure to continue? （y/n）[n]: **y**

<R2>**save**

The current configuration will be written to the device.

Are you sure to continue? （y/n）[n]: **y**

第 7 章

NAT 应用技术

7.1　NAT 基础

NAT（Network Address Translation，网络地址转换）是将 IP 数据报报头中的 IP 地址转换为另一个 IP 地址的过程。在实际应用中，NAT 主要用于实现私有网络访问公共网络的功能。

在计算机网络中，IP 地址被分为公有地址和私有地址。公有 IP 地址：也叫全局地址，是指合法的 IP 地址，它是由 NIC（网络信息中心）或者 ISP（网络服务提供商）分配的地址，对外代表一个或多个内部局部地址，是全球统一的可寻址的地址。

私有 IP 地址：也叫内部地址，属于非注册地址，专门为组织机构内部使用。因特网分配编号委员会（IANA）保留了 3 块 IP 地址作为私有 IP 地址：

10.0.0.0 ~ 10.255.255.255

172.16.0.0 ~ 172.31.255.255

192.168.0.0 ~ 192.168.255.255

由于 IP 地址的公、私属性的不同，便有了公网和私网的概念。所谓公网，就是使用公用 IP 地址的网络，公网中是不能使用私有 IP 地址的，在公网中，各个网络接口的 IP 地址都必须是公有 IP 地址。所谓私网，就是使用私有 IP 地址的网络。在私网中，各个网络接口的 IP 地址必须是私有地址。

NAT 是一种把内部私有 IP 地址转换成公有 IP 地址的技术，如图 7-1 所示。因此我们可以认为，NAT 在一定程度上，能够有效地解决公网地址不足的问题。

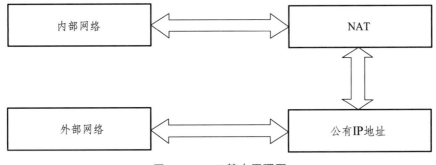

图 7-1　NAT 基本原理图

简单地说，在一个局域网内部使用私有 IP 地址实现通信，私有 IP 地址只能在内部网络中使用，不能被路由转发；而当内部节点要与外部网络进行通信时，可以通过 NAT 技术在网关处将内部私有 IP 地址转换成公有 IP 地址，从而在外部公网（Internet）上正常使用，NAT 可以使多台计算机共享 Internet 连接，这一功能很好地解决了公有 IP 地址紧缺的问题。通过这种方法，可以只申请一个公有 IP 地址，就把整个局域网中的计算机接入 Internet 中。这时，NAT 屏蔽了内部网络，所有内部网计算机对于公共网络来说是不可见的，而内部网计算机用户通常不会意识到 NAT 的存在。NAT 功能通常被集成到路由器、防火墙、ISDN 路由器或者单独的 NAT 设备中。NAT 转换原理如图 7-2 所示。

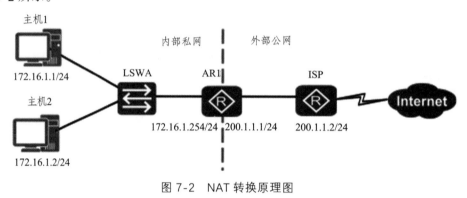

图 7-2 NAT 转换原理图

7.2 常用 NAT 技术

NAT 本身是一个非常宽泛的概念，具体的 NAT 技术种类及其相应的适用场景是非常繁杂的。例如，某些 NAT 技术只能适合于私网方面向公网方面发起通信的场景，反之则不行。因此，在实际部署 NAT 技术时，必须仔细地分析具体的网络环境及网络需求。接下来将简单地介绍一下几种基本 NAT 技术的概念和原理。所举例子除了 NAT Server 外都假设这样一个前提：在私网与公网进行通信时，发起通信的一方总是私网。

7.2.1 静态 NAT

如果一个内部主机唯一占用一个公网 IP，这种方式被称为一对一模型。此种方式下，转换上层协议就是不必要的，因为一个公网 IP 只能唯一对应一个内部主机。显然，这种方式对节约公网 IP 没有太大意义，主要是为了实现一些特殊的组网需求。比如用户希望隐藏内部主机的真实 IP，或者实现两个 IP 地址重叠网络的通信。

如图 7-3 所示，源地址为 172.16.1.1 的报文需要发往公网地址 210.1.1.1。在网关 AR1 上配置了一个私网地址 172.16.1.1 到公网地址 200.1.1.1 的映射。当网关收到主机 1 发送的数据包后，会先将报文中的源地址 172.16.1.1 转换为 200.1.1.1，然后转发报文到目的设备。目的设备回复的报文目的地址是 200.1.1.1。当网关收到回复报文后，也会执行静态地址转换，将 200.1.1.1 转换成 172.16.1.1，然后转发报文到主机 1。主机 2 及其他和主机 1 在同一网络的主机，访问公网的过程也需要网关 AR1 做静态 NAT 转换。

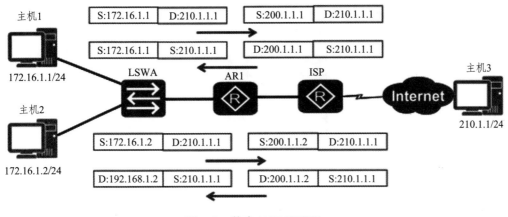

图 7-3　静态 NAT 原理图

7.2.2　动态 NAT

动态地址 NAT 为每一个内部的 IP 地址分配一个临时的外部 IP 地址，主要应用于拨号，对于频繁的远程连接也可以采用动态 NAT。当远程用户连接上之后，动态地址 NAT 就会分配给他一个 IP 地址，用户断开时，这个 IP 地址就会被释放而留待以后使用。动态 NAT 方式适用于当机构申请到的全局 IP 地址较少，而内部网络主机较多的情况。内网主机 IP 与全局 IP 地址是多对一的关系。当数据包进出内网时，具有 NAT 功能的设备对 IP 数据包的处理与静态 NAT 的一样，只是 NAT table 表中的记录是动态的，若内网主机在一定时间内没有和外部网络通信，有关它的 IP 地址映射关系将会被删除，并且会把该全局 IP 地址分配给新的 IP 数据包使用，形成新的 NAT table 映射记录。通俗地讲，就是把所有的公网 IP 放在一块，形成一个 IP 地址池，通过地址池实现转换。假如有 5 个公网 IP，有 10 个终端，它会建立 5 个映射关系，5 个终端同时上网没有关系，如果再有一个终端想上网，那么 NAT 将会拒绝地址转换，只能等待被占用的公用 IP 被释放后，其他主机才能使用它来访问公网。

如图 7-4 所示，当内部主机 1 和主机 2 需要与公网中的目的主机通信时，网关 AR1 会从配置的公网地址池中选择一个未使用的公网地址与之做映射。每台主机都会分配到地址池中的一个唯一地址。当不需要此连接时，对应的地址映射将会被删除，公网地址也会被恢复到地址池中待用。当网关收到回复报文后，会根据之前的映射再次进行转换之后转发给对应主机。

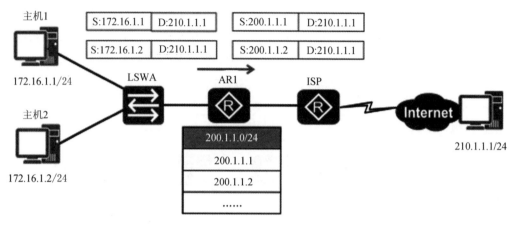

图 7-4　动态 NAT 原理图

7.2.3　NAPT

由于 NAT 实现的是私有 IP 和 NAT 的公共 IP 之间的转换，那么私有网中同时与公共网进行通信的主机数量就受到 NAT 的公共 IP 地址数量的限制。为了克服这种限制，NAT 被进一步扩展到在进行 IP 地址转换的同时进行 Port 的转换，这就是网络地址端口转换 NAPT（Network Address Port Translation）技术。

NAPT 与 NAT 的区别在于，NAPT 不仅转换 IP 包中的 IP 地址，还对 IP 包中 TCP 和 UDP 的 Port 进行转换。这使得多台私有网主机利用 1 个 NAT 公共 IP 就可以同时和公共网进行通信，（NAPT 多了对 TCP 和 UDP 的端口号的转换）。因此 NAPT 属于一种多对一地址转换，允许多个私网地址映射到同一个公网地址。它通过使用"Ip 地址+端口号"的形式进行转换，使多个内网的用户可以共用一个公网的 IP 地址来访问外网。由于不同端口号决定了内外网间的不同通信连接，而端口的数量有 65 536 个，因此理论上一个全局地址最多可满足 65 536 个内部主机同时访问外网（若全局地址为 n 个，则最大数为 $65\,536 \times n$）。

如图 7-5 所示，AR1 收到一个私网主机发送的报文，源 IP 地址是 172.16.1.1，源端口号是 1349，目的 IP 地址是 210.1.1.1，目的端口是 80。AR1 会从配置的公网地址池中选择一个空闲的公网 IP 地址和端口号，并建立相应的 NAPT 表项。这些 NAPT 表项指定了报文的私网 IP 地址和端口号与公网 IP 地址和端口号的映射关系。之后，AR1 将报文的源 IP 地址和端口号转换成公网地址 200.1.1.1 和端口号 1567，并转发报文到公网。当网关 AR1 收到回复报文后，会根据之前的映射表再次进行转换之后转发给主机 1。主机 2 同理。

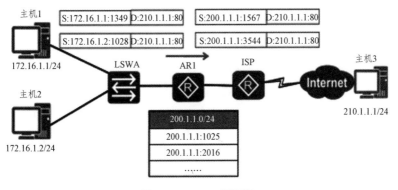

图 7-5　NAPT 原理图

7.2.4　Easy IP

Easy IP 方式的实现原理与上节介绍的地址池 NAPT 转换原理类似，可以认为算是 NAPT 的一种特例。不同的是，Easy IP 方式可以实现根据路由器上 WAN 接口的公网 IP 地址，自动实现与私网 IP 地址之间的映射（无需创建公网地址池）。

Easy IP 主要应用于将路由器 WAN 接口 IP 地址作为要被映射的公网 IP 地址的情形，特别适合小型局域网接入 Internet 的情况。这里的小型局域网主要指中小型网吧、小型办公室等环境，一般具有以下特点：内部主机较少、出接口通过拨号方式获得临时（或固定）公网 IP 地址以供内部主机访问 Internet。

Easy IP 方式的实现原理如图 7-6 所示，例如，AR1 收到一个主机 1 访问公网的请求报文，报文的源 IP 地址是 172.16.1.1，源端口号是 1666。AR1 会建立 Easy IP 表项，这些表项指定了源 IP 地址和端口号与出接口的公网 IP 地址和端口号的映射关系。之后，根据匹配的 Easy IP 表项，将报文的源 IP 地址和端口号转换成出接口的 IP 地址和端口号，并转发报文到公网。报文的源 IP 地址转换成 200.1.1.1/24，相应的端口号是 2666。路由器收到回复报文后，会根据报文的目的 IP 地址和端口号，查询 Easy IP 表项。路由器根据匹配的 Easy IP 表项，再将报文的目的 IP 地址和端口号转换成私网主机的 IP 地址和端口号，并转发报文到主机。

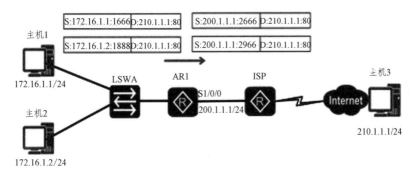

图 7-6　Easy IP 原理图

7.2.5　NAT Server

NAT Server 用于外网用户需要使用固定公网 IP 地址访问内部服务器的情形。它通过事先配置好的服务器的"公网 IP 地址+端口号"与服务器的"私网 IP 地址+端口号"间的静态映射关系来实现。NAT 在使内网用户访问公网的同时，也屏蔽了公网用户访问私网主机的需求。当一个私网需要向公网用户提供 Web 和 SFTP 服务时，私网中的服务器必须随时可供公网用户访问。NAT 服务器可以实现这个需求，但是需要配置服务器私网 IP 地址和端口号转换为公网 IP 地址和端口号并发布出去。路由器在收到一个公网主机的请求报文后，根据报文的目的 IP 地址和端口号查询地址转换表项。路由器根据匹配的地址转换表项，将报文的目的 IP 地址和端口号转换成私网 IP 地址和端口号，并转发报文到私网中的服务器。

NAT Server 的实现原理如图 7-7 所示，例如，主机 3 需要访问私网服务器，发送报文的目的 IP 地址是 200.1.1.10，目的端口号是 80。路由器 AR1 收到此报文后会查找地址转换表项，并将目的 IP 地址转换成 172.16.1.4，目的端口号保持不变。服务器收到报文后会进行响应，AR1 收到私网服务器发来的响应报文后，根据报文的源 IP 地址 172.16.1.4 和端口号 80 查询地址转换表项。然后，路由器 AR1 根据匹配的地址转换表项，将报文的源 IP 地址和端口号转换成公网 IP 地址 200.1.1.10 和端口号 80，并转发报文到目的公网主机。

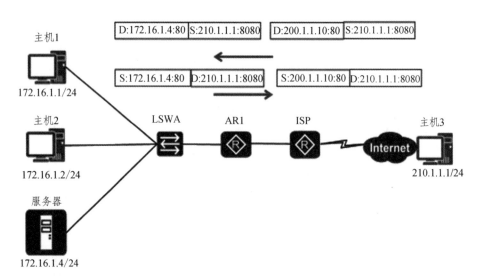

图 7-7　NAT Server 原理图

7.2.6　NAT 技术的优缺点

NAT 技术用途非常广泛，在现实中的绝大部分网络中都有应用，根据前面的介绍不难看出，NAT 技术虽然解决了许多实际问题但也有不足之处。下面对 NAT 技术的优缺点作简单总结。

NAT 技术的优点：① 节约了公网地址；② 在地址重叠时提供解决方案；③ 提高连接到因特网的灵活性；④ 在网络发生变化时避免重新编址。缺点：① 地址转换将增加交换延迟；② 导致无法进行端到端 IP 跟踪；③ 导致有些应用程序无法正常运行。

7.3 华为常用 NAT 配置技术

通过前面的介绍，我们了解到，NAT 技术可以将私网地址转换为公网地址，并且多个私网用户可以共用一个公网地址，这样既可保证网络互通，又节省了公网地址。下面将通过具体配置案例来阐述华为常用 NAT 配置技术。

本案例模拟企业网络场景，模拟实验在华为 eNSP 模拟器中完成，网络拓扑结构如图 7-8 所示。AR1 是公司的出口网关路由器，公司内网 PC 机和服务器都通过交换机 LSW1 连接到 AR1 上，ISP 模拟运营商外网路由器与 AR1 直连。由于公司内网都使用私网 IP 地址，要实现公司内部分员工可以访问外网，服务器可以供外网用户访问，就需要运用 NAT 技术。接下来分别讲解静态 NAT、动态 NAT、NAPT、Easy IP 技术在路由器 AR1 上的配置过程，讲解使内网服务器可以供外网用户访问的——NAT Server 技术配置过程。网络设备编址表如表 7-1 所示。

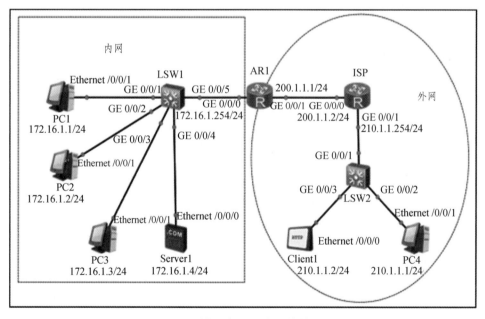

图 7-8 模拟企业网络拓扑结构图

表 7-1　网络设备编址表

设备	接口	IP 地址	子网掩码	默认网关
AR1	GE0/0/0/0	172.16.1.254	255.255.255.0	N/A
	GE0/0/0/1	200.1.1.1	255.255.255.0	N/A
ISP	GE0/0/0/0	200.1.1.2	255.255.255.0	N/A
	GE0/0/0/1	210.1.1.254	255.255.255.0	N/A
PC-1	Ethernet0/0/1	172.16.1.1	255.255.255.0	172.16.1.254
PC-2	Ethernet0/0/1	172.16.1.2	255.255.255.0	172.16.1.254
PC-3	Ethernet0/0/1	172.16.1.3	255.255.255.0	172.16.1.254
PC-4	Ethernet0/0/1	210.1.1.1	255.255.255.0	210.1.1.254
server1	Ethernet0/0/0	172.16.1.4	255.255.255.0	172.16.1.254
Client1	Ethernet0/0/0	210.1.1.2	255.255.255.0	210.1.1.254

在华为 eNSP 模拟器中搭建如图 7-8 所示网络拓扑结构，根据网络设备编址表 7-1 进行相应的基本配置，并使用 ping 命令检测各直连链路的连通性。

（1）配置路由器 AR1 环境：

<Huawei>**system-view**

[AR1]**sysname AR1**

[AR1]**int g0/0/0**

[AR1]**ip add 172.16.1.254 24**

[AR1]**int g0/0/1**

[AR1]**ip add 200.1.1.1 24**

[AR1]**ip　route-s 0.0.0.0 0 200.1.1.2**

（2）配置路由器 ISP 环境：

<Huawei>**system-view**

[Huawei]**sysname ISP**

[ISP]**int g0/0/0**

[ISP]**ip add 200.1.1.2 24**

[ISP]**int g0/0/1**

[ISP]**ip add 210.1.1.254 24**

（3）根据网络设备编址表设置好其他网络设备基本配置，步骤略。

（4）分别在 AR1 和 PC1 上用 ping 命令测试与 PC4 的连通性，结果如图 7-9、7-10 所示。

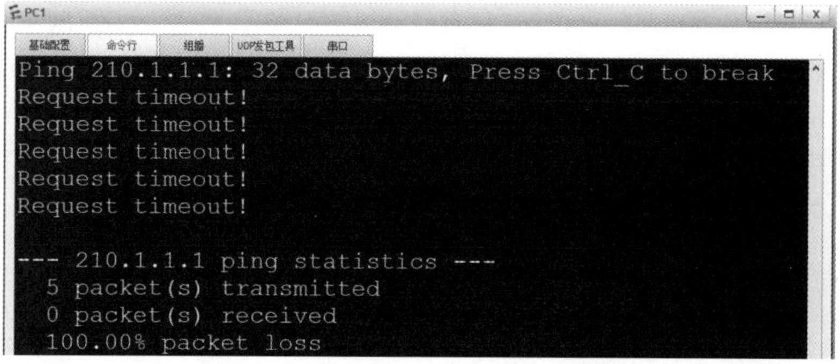

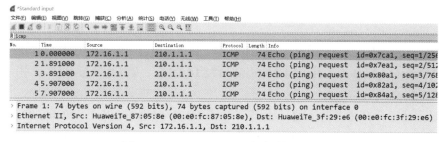

图 7-9　测试 PC1 和 PC4 之间的连通性

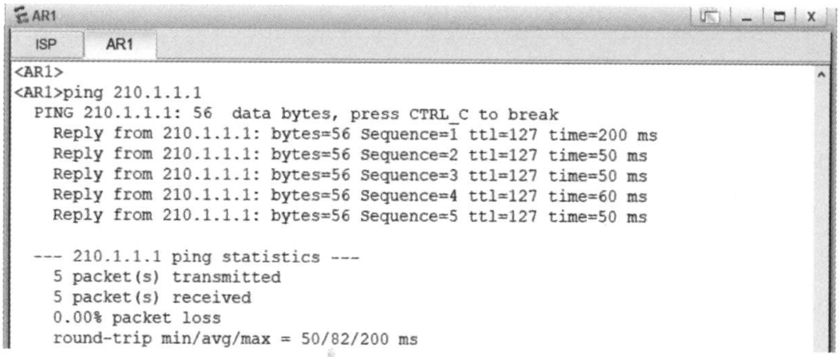

图 7-10　测试 AR1 和 PC4 之间的连通性

测试结果显示 AR1 到 PC4 连通，PC1 到 PC4 未连通。接下来在 AR1 g0/0/1 口和 ISP g0/0/1 口分别抓包分析，如图 7-11、7-12 所示。

图 7-11　AR1 g0/0/1 口抓包结果图

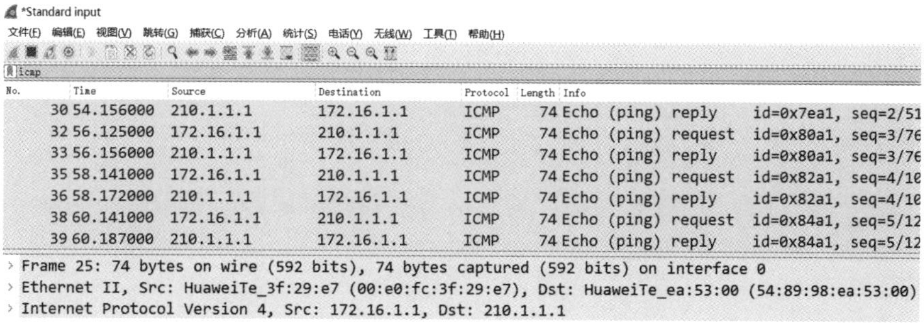

图 7-12　ISP g0/0/1 口抓包结果图

抓包结果显示，在 AR1 g0/0/1 口只有向 PC4 发送的数据包，没有 PC4 返回的数据包；ISP g0/0/1 口既有向 PC4 发送的数据包也有返回的数据包。抓包结果说明路由不通的根本原因，是返回的数据包在经过路由器 AR1 的时候，由于 PC1 使用的是私有地址，因而无法到达。为了解决内网计算机访问外网的问题，需要使用 NAT 技术，下面结合实验介绍几种常用 NAT 技术的配置方法。

7.3.1 华为静态 NAT 配置

表 7-2 所示为静态 NAT 配置命令表。

表 7-2　静态 NAT 配置命令表

命令	备注
nat static enable	开启静态 NAT 功能
nat static global {global-address} inside {host-address}	创建静态 NAT
display nat static	查看静态 NAT 的配置

nat static global { global-address} inside {host-address } 命令用于创建静态 NAT。
① global 参数用于配置外部公网地址。
② inside 参数用于配置内部私有地址。
假如现在申请了两个公网地址 200.1.1.10 和 200.1.1.20，分别映射到 PC1 和 PC2，AR1 静态 NAT 配置命令如下：

<AR1>**system-view**

[AR1]**int g0/0/1**

[AR1]**nat static enable**　　　　　　　　　　　　//开启静态 NAT

[AR1]**nat static global 200.1.1.10 inside 172.16.1.1**　　//创建静态 NAT 映射

[AR1]**nat static global 200.1.1.20 inside 172.16.1.2**　　//创建静态 NAT 映射

[AR1]**display nat static**　　　　　　　　　　//查看静态 NAT 的配置

通过上述命令在路由器 AR1 上创建了静态 NAT，分别将 200.1.1.10 和 200.1.1.20 映射到 PC1 和 PC2 的私有地址，这种映射关系是一对一的，并且会一直存在，直到人为修改。通过静态 NAT 配置命令，可以查看 NAT 转换表，如图 7-13 所示。

```
Static Nat Information:
Interface : GigabitEthernet0/0/1
  Global IP/Port     : 200.1.1.10/----
  Inside IP/Port     : 172.16.1.1/----
  Protocol : ----
  VPN instance-name   : ----
  Acl number          : ----
  Netmask : 255.255.255.255
  Description : ----

  Global IP/Port     : 200.1.1.20/----
  Inside IP/Port     : 172.16.1.2/----
  Protocol : ----
  VPN instance-name   : ----
  Acl number          : ----
  Netmask : 255.255.255.255
  Description : ----

Total :     2
```

图 7-13　NAT 转换表

通过 ping 命令测试，发现配置了静态 NAT 映射后，PC1、PC2 能访问外网计算机 PC4，而 PC3 不能，测试结果如图 7-14、7-15、7-16 所示。

图 7-14　测试 PC1 到 PC4 的连通性

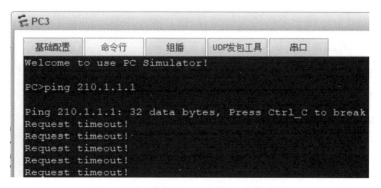

图 7-15　测试 PC2 到 PC4 的连通性

图 7-16　测试 PC3 到 PC4 的连通性

在 AR1 的 G0/0/1 口抓包分析，如图 7-17 所示。结果显示 PC1 的 IP 地址和公网地址 200.1.1.10，实现了一对一转换。

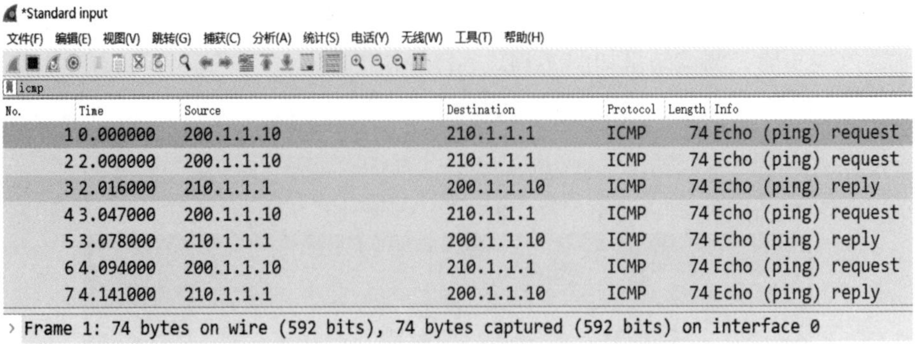

图 7-17　地址转换后 PC1 ping PC4 抓包结果图

7.3.2　华为动态 NAT 配置

华为动态 NAT 及 NAPT 配置命令格式如表 7-3 所示。

表 7-3　动态 NAT 及 NAPT 配置命令格式表

命令	备注
nat address-group 编号公网地址范围	配置 NAT 地址池
nat outbound acl 编号	关联一个 ACL 和一个 NAT 地址池
address-group 编号[no-pat]	ACL 用来匹配能够转换的源地址，no-Pat 表示只转换地址而不转换端口
display nat address-group	查看 NAT 地址池配置信息
display nat outbound	查看动态 NAT 配置信息

nat address-group：配置 NAT 地址池。

nat outbound acl：将一个访问控制列表 ACL 和一个地址池关联起来。ACL 用于指定一个规则，并用来过滤特定流量。

address-group 编号 no-pat：表示只转换数据报文的地址而不转换端口。

display nat address-group 命令用来查看 NAT 地址池配置信息。

display nat out bound：用来查看动态 NAT 配置信息。

假如有公网地址：200.1.1.10～200.1.1.20，用它作为地址池，AR1 动态 NAT 配置命令如下：

[AR1]**nat address-group 1 200.1.1.10　200.1.1.20**　　　　　　　　//配置 NAT 地址池

[AR1]**acl 2000**

[AR1-acl-basic-2000] **rule 1 permit source 172.16.1.0 0.0.0.255**

[AR1-acl-basic-2000]**quit**

[AR1]**int g0/0/1**

[AR1-GigabitEthernet0/0/1]**nat outbound 2000 address-group 1 no-pat**　//关联 ACL 和 NAT 地址池

[AR1-GigabitEthernet0/0/1]**display nat address-group 1**

[AR1-GigabitEthernet0/0/1]**display nat outbound**

NAT 的配置信息如图 7-18 所示。

```
NAT Address-Group Inform
ation:
----------------------------------------
Index    Start-address      End-address
----------------------------------------
1          200.1.1.10        200.1.1.20
----------------------------------------
 Total : 1
[AR1-GigabitEthernet0/0/1]display nat outbound
NAT Outbound Information:
-------------------------------------------------------------
Interface                Acl    Address-group/IP/Interface    Type
-------------------------------------------------------------
GigabitEthernet0/0/1     2000                            1    no-pat
-------------------------------------------------------------
 Total : 1
```

图 7-18　动态 NAT 配置信息

分别测试 PC1、PC2、PC3 到外网的连通性，如图 7-19、7-20、7-21 所示，结果显示均能访问外网计算机 PC4。

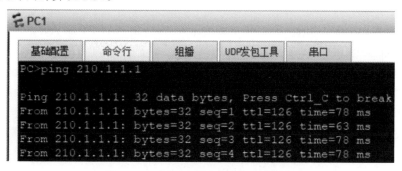

图 7-19　测试 PC1 到 PC4 的连通性

图 7-20　测试 PC2 到 PC4 的连通性

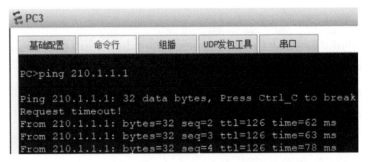

图 7-21　测试 PC3 到 PC4 的连通性

在 AR1 的 G0/0/1 口抓包分析，如图 7-22 所示，结果显示实现了基于地址池的内网地址和外网地址多对多的动态转换。

No.	Time	Source	Destination	Protocol	Length	Info
1	0.000000	200.1.1.10	210.1.1.1	ICMP	74	Echo (ping) request
2	2.000000	200.1.1.11	210.1.1.1	ICMP	74	Echo (ping) request
3	4.015000	200.1.1.12	210.1.1.1	ICMP	74	Echo (ping) request
4	4.046000	210.1.1.1	200.1.1.12	ICMP	74	Echo (ping) reply
5	5.062000	200.1.1.13	210.1.1.1	ICMP	74	Echo (ping) request
6	5.109000	210.1.1.1	200.1.1.13	ICMP	74	Echo (ping) reply

图 7-22　地址转换后 AR1 的 G0/0/1 口抓包结果

7.3.3　华为 NAPT 配置

NAPT（Network Address Port Translation），也称为 NAT-PT 或 PAT，即网络地址端口转换，允许多个私网地址映射到同一个公网地址的不同端口。NAPT 和动态 NAT 配置的区别在于，nat outbound acl 编号命令，与待转换网段关联的时候不加参数 no-pat，表示允许转换端口信息。

假如现在只有一个公网地址 200.1.1.10，用它作为地址池配置 NAPT，使 PC1、PC2、PC3 都能访问外网计算机 PC4，AR1 上配置命令如下：

[AR1]**nat address-group 1 200.1.1.10　200.1.1.10**　　　　　　　　//配置 NAT 地址池

[AR1]**acl 2000**

[AR1-acl-basic-2000] **rule 1 permit source 172.16.1.0 0.0.0.255**

[AR1-acl-basic-2000]**quit**

[AR1]**int g0/0/1**

[AR1-GigabitEthernet0/0/1]**nat outbound 2000 address-group 1**　　//关联 ACL 和 NAT
地址池

[AR1-GigabitEthernet0/0/1]**display nat address-group 1**

[AR1-GigabitEthernet0/0/1]**display nat outbound**

执行完配置命令后使用命令 display nat address-group 1，display nat outbound 查看 NAPT 的详细配置如图 7-23 所示。

```
NAT Address-Group Inform
ation:
------------------------------------
Index   Start-address    End-address
------------------------------------
1         200.1.1.10      200.1.1.10
------------------------------------
 Total : 1
[AR1-GigabitEthernet0/0/1]
[AR1-GigabitEthernet0/0/1]display nat outbound
NAT Outbound Information:
--------------------------------------------------------------
Interface                 Acl   Address-group/IP/Interface   Type
--------------------------------------------------------------
GigabitEthernet0/0/1      2000                            1   pat
--------------------------------------------------------------
 Total : 1
```

图 7-23　NAPT 配置信息

分别测试 PC1、PC2、PC3 到外网的连通性，如图 7-24、7-25、7-26 所示，结果显示均能访问外网计算机 PC4。

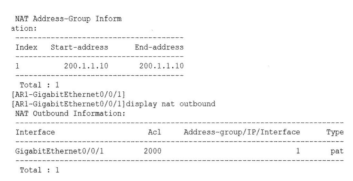

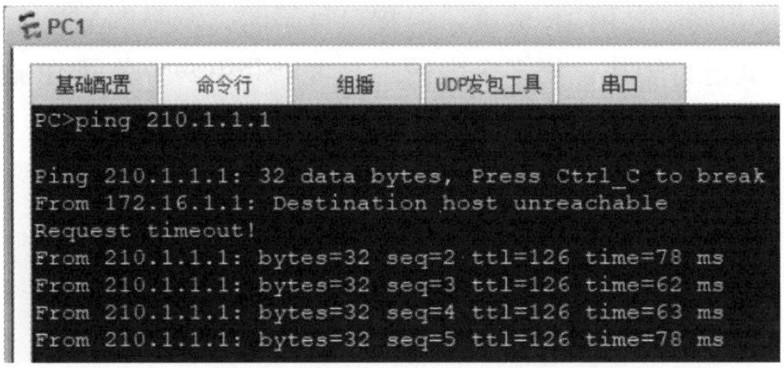

图 7-24　测试 PC1 到 PC4 的连通性

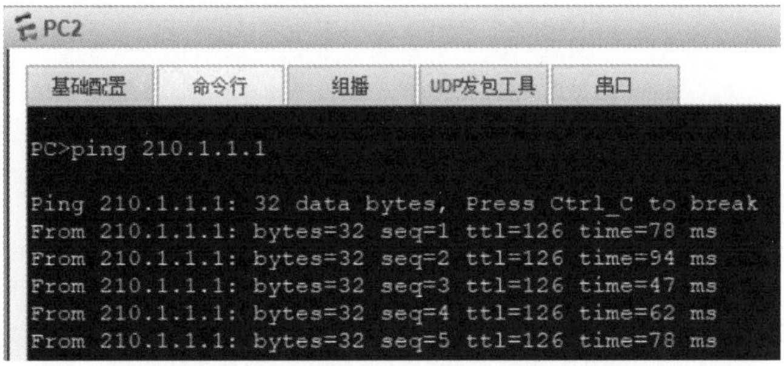

图 7-25　测试 PC2 到 PC4 的连通性

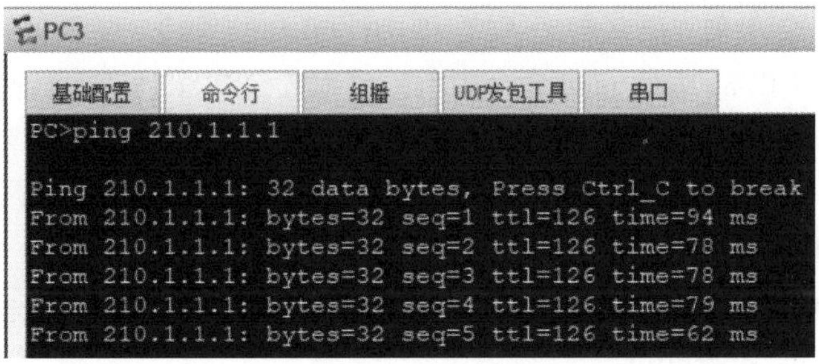

图 7-26　测试 PC3 到 PC4 的连通性

用 PC1、PC2、PC3 Ping PC4，在 AR1 的 G0/0/1 口抓包分析，如图 7-27 所示，结果显示 PC1、PC2、PC3 的内网地址，均被转换成了同一个公网地址 200.1.1.10，实现了多对一的地址转换。

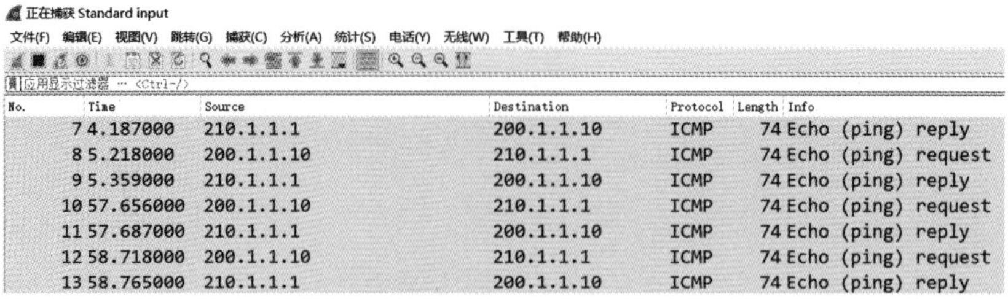

No.	Time	Source	Destination	Protocol	Length	Info
7	4.187000	210.1.1.1	200.1.1.10	ICMP	74	Echo (ping) reply
8	5.218000	200.1.1.10	210.1.1.1	ICMP	74	Echo (ping) request
9	5.359000	210.1.1.1	200.1.1.10	ICMP	74	Echo (ping) reply
10	57.656000	200.1.1.10	210.1.1.1	ICMP	74	Echo (ping) request
11	57.687000	210.1.1.1	200.1.1.10	ICMP	74	Echo (ping) reply
12	58.718000	200.1.1.10	210.1.1.1	ICMP	74	Echo (ping) request
13	58.765000	210.1.1.1	200.1.1.10	ICMP	74	Echo (ping) reply

图 7-27　NAPT 地址转换后 AR1 的 G0/0/1 口抓包结果

使用命令 display nat session all 查看会话转换表详细信息，如图 7-28 所示，结果显示转化过程虽然使用同一公网 IP 地址，但端口号不同，说明 NAPT 是通过使用“IP 地址+端口号”的形式进行转换，使多个内网用户可以共用一个公网 IP 地址来访问外网。

```
[AR1]dis nat session all
  NAT Session Table Information:

     Protocol             : ICMP(1)
     SrcAddr   Vpn        : 172.16.1.2
     DestAddr  Vpn        : 210.1.1.1
     Type Code IcmpId     : 0    8    19473
     NAT-Info
       New SrcAddr        : 200.1.1.10
       New DestAddr       : ----
       New IcmpId         : 10291

     Protocol             : ICMP(1)
     SrcAddr   Vpn        : 172.16.1.2
     DestAddr  Vpn        : 210.1.1.1
     Type Code IcmpId     : 0    8    19472
     NAT-Info
       New SrcAddr        : 200.1.1.10
       New DestAddr       : ----
       New IcmpId         : 10290
```

图 7-28　NAT 会话转换表

7.3.4　华为 Easy IP 配置

Easy IP 允许将多个内部地址映射到网关出接口地址上的不同端口。Easy IP 的配置与动态 NAT 的配置类似，需要定义 ACL 和 nat outbound 命令，主要区别是 Easy IP 不需要配置地址池，所以 nat outbound 命令中不需要配置参数 address-group。

假如在路由器 AR1 上配置 Easy IP，使 PC1、PC2、PC3 都能访问外网计算机 PC4，配置命令如下：

[AR1]**acl 2000**

[AR1-acl-basic-2000] **rule 1 permit source 172.16.1.0 0.0.0.255**

[AR1-acl-basic-2000]**quit**

[AR1]**int g0/0/1**

[AR1-GigabitEthernet0/0/1]**nat outbound 2000**

[AR1-GigabitEthernet0/0/1]**display nat outbound**

上面的命令 nat outbound 2000 表示对 ACL 2000 定义的地址段进行地址转换，并且直接使用 g1/0/0 接口的 IP 地址作为 NAT 转换后的地址。命令 display nat outbound 用于查看命令 nat outbound 的配置结果，如图 7-29 所示。

```
[AR1-GigabitEthernet0/0/1]display nat outbound
NAT Outbound Information:
-----------------------------------------------------------------------
Interface                  Acl     Address-group/IP/Interface    Type
-----------------------------------------------------------------------
GigabitEthernet0/0/1       2000                  200.1.1.1     easyip
-----------------------------------------------------------------------
 Total : 1
```

图 7-29　NAT 会话转换表

分别测试 PC1、PC2、PC3 到外网的连通性，如图 7-30、7-31、7-32 所示，结果显示均能访问外网计算机 PC4。

图 7-30　测试 PC1 到 PC4 的连通性

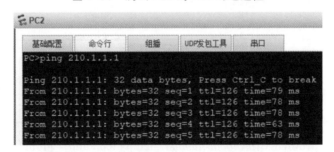

图 7-31　测试 PC2 到 PC4 的连通性

图 7-32　测试 PC3 到 PC4 的连通性

在 AR1 的 G0/0/1 口抓包分析，如图 7-33 所示，结果显示内网地址被转换成了 AR1 的 g0/0/1 端口地址 200.1.1.1，实现了自动根据路由器上 WAN 接口的公网 IP 地址与私网 IP 地址之间的映射（无需创建公网地址池）。

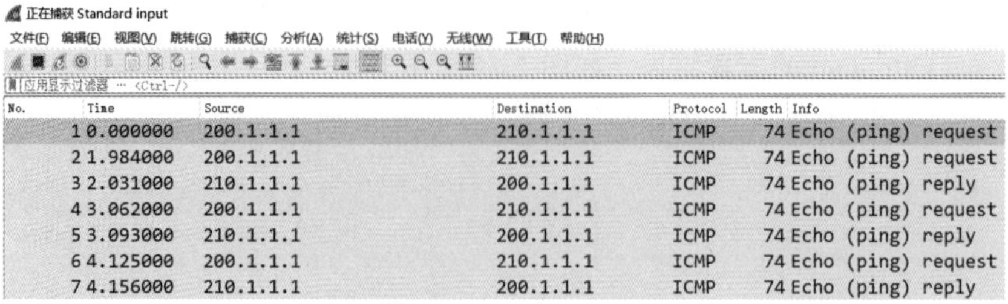

No.	Time	Source	Destination	Protocol	Length	Info
1	0.000000	200.1.1.1	210.1.1.1	ICMP	74	Echo (ping) request
2	1.984000	200.1.1.1	210.1.1.1	ICMP	74	Echo (ping) request
3	2.031000	210.1.1.1	200.1.1.1	ICMP	74	Echo (ping) reply
4	3.062000	200.1.1.1	210.1.1.1	ICMP	74	Echo (ping) request
5	3.093000	210.1.1.1	200.1.1.1	ICMP	74	Echo (ping) reply
6	4.125000	200.1.1.1	210.1.1.1	ICMP	74	Echo (ping) request
7	4.156000	210.1.1.1	200.1.1.1	ICMP	74	Echo (ping) reply

图 7-33　Easy IP 地址转换后 AR1 的 G0/0/1 口抓包结果

7.3.5　华为 NAT Server 配置

NAT 在使内网用户访问公网的同时，也屏蔽了公网用户访问私网主机的需求。通过配置 NAT 服务器，可以使外网用户访问内网服务器。当一个私网需要向公网用户提供 Web 和 SFTP 服务时，私网中的服务器必须随时可供公网用户访问。

NAT 服务器可以实现上述需求，但是需要配置服务器私网 IP 地址和端口号转换为公网 IP 地址和端口号并发布出去。路由器在收到一个公网主机的请求报文后，根据报文的目的 IP 地址和端口号查询地址转换表项。路由器根据匹配的地址转换表项，将报文的目的 IP 地址和端口号转换成私网 IP 地址和端口号，并转发报文到私网中的服务器。NAT server 配置命令如表 7-4 所示。

表 7-4　NAT Server 配置命令表

命令	备注
nat server protocol tcp/udp global 公网地址/接口端口 inside 私网地址端口	配置 NAT 服务器
display nat server	验证 NAT 服务器

nat server [**protocol** {*protocol-number* | icmp | tcp | udp} **global** {*global-address* | current-interface *global-port*} **inside** {*host-address host-port* }]命令用来定义一个内部服务器的映射表，外部用户可以通过公网地址和端口来访问内部服务器。

① 参数 protocol 指定一个需要地址转换的协议；
② 参数 global-address 指定需要转换的公网地址；
③ 参数 inside 指定内网服务器的地址。

在网络拓扑结构图 7-8 中，假设客户端 client1 主机需要访问内网 server1，发送报文的目的 IP 地址为 200.1.1.10，目的端口号是 80。首先按照网络设备编址表 7-1 配置好设备基本配置，在 server1 上开启提供 HTTP 服务的 80 端口，用客户端 client1 做访问测试。

如图 7-34、7-35 所示，结果显示客户端 client1 访问内网服务器 server1 失败。接下来在路由器 AR1 上配置 nat server，命令如下：

[AR1-GigabitEthernet0/0/1]nat server protocol tcp global 200.1.1.10 80 inside 172.16.1.4 80
（报文目的 IP 地址与内网服务器 IP 地址一对一映射）

[AR1-GigabitEthernet0/0/1] display nat server（查看 NAT 服务器配置，结果如图 7-36 所示）

图 7-34　开启 server1 HTTP 服务

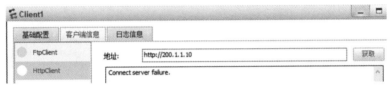

图 7-35　客户端 client1 访问 server1 测试

```
[AR1-GigabitEthernet0/0/1]display nat server

  Nat Server Information:
  Interface  : GigabitEthernet0/0/1
    Global IP/Port  : 200.1.1.10/80(www)
    Inside IP/Port  : 172.16.1.4/80(www)
    Protocol : 6(tcp)
    VPN instance-name  : ----
    Acl number         : ----
    Description : ----

  Total :    1
```

图 7-36　NAT 服务器配置结果

再次用客户端 client1 做访问测试，如图 7-37 所示，结果显示客户端 client1 访问内网服务器 server1 成功。

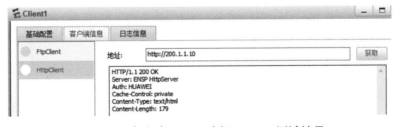

图 7-37　客户端 client1 访问 server1 测试结果

在 AR1 的 G0/0/0 口和 G0/0/1 口抓包分析，如图 7-38、7-39 所示。结果显示实现了报文目的 IP 地址与内网服务器 IP 地址一对一映射，且在 AR1 的 G0/0/1 只能看到报文目的 IP 地址信息，这样就在外网上隐藏了内网服务器的真实地址和服务端口信息，一定程度上可以屏蔽来自外网的攻击和扫描。

正在捕获 Standard input

文件(F) 编辑(E) 视图(V) 跳转(G) 捕获(C) 分析(A) 统计(S) 电话(Y) 无线(W) 工具(T) 帮助(H)

应用显示过滤器 … <Ctrl-/>

No.	Time	Source	Destination	Protocol	Length	Info
1	0.000000	210.1.1.2	200.1.1.10	TCP	58	2050→80 [SYN] Seq=0 Win=8192
2	0.047000	200.1.1.10	210.1.1.2	TCP	58	80→2050 [SYN, ACK] Seq=0 Ack
3	0.047000	210.1.1.2	200.1.1.10	TCP	54	2050→80 [ACK] Seq=1 Ack=1 Wi
4	0.047000	210.1.1.2	200.1.1.10	HTTP	210	GET / HTTP/1.1 Continuation
5	0.109000	200.1.1.10	210.1.1.2	TCP	54	80→2050 [ACK] Seq=1 Ack=157
6	0.125000	200.1.1.10	210.1.1.2	HTTP	361	HTTP/1.1 200 OK (text/html)

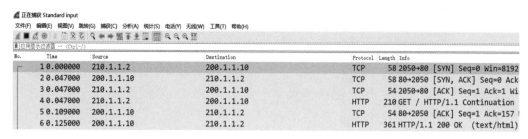

图 7-38　地址转换后 AR1 的 G0/0/1 口抓包结果

正在捕获 Standard input

文件(F) 编辑(E) 视图(V) 跳转(G) 捕获(C) 分析(A) 统计(S) 电话(Y) 无线(W) 工具(T) 帮助(H)

应用显示过滤器 … <Ctrl-/>

No.	Time	Source	Destination	Protocol	Length	Info
65	139.203000	172.16.1.4	210.1.1.2	TCP	58	80→2052 [SYN, ACK] Seq=0 Ack=
66	139.235000	210.1.1.2	172.16.1.4	TCP	54	2052→80 [ACK] Seq=1 Ack=1 Win
67	139.250000	210.1.1.2	172.16.1.4	HTTP	210	GET / HTTP/1.1 Continuation
68	139.344000	172.16.1.4	210.1.1.2	HTTP	361	HTTP/1.1 200 OK (text/html)
69	139.422000	210.1.1.2	172.16.1.4	TCP	54	2052→80 [ACK] Seq=157 Ack=308
70	140.391000	210.1.1.2	172.16.1.4	TCP	54	2052→80 [FIN, ACK] Seq=157 Ac

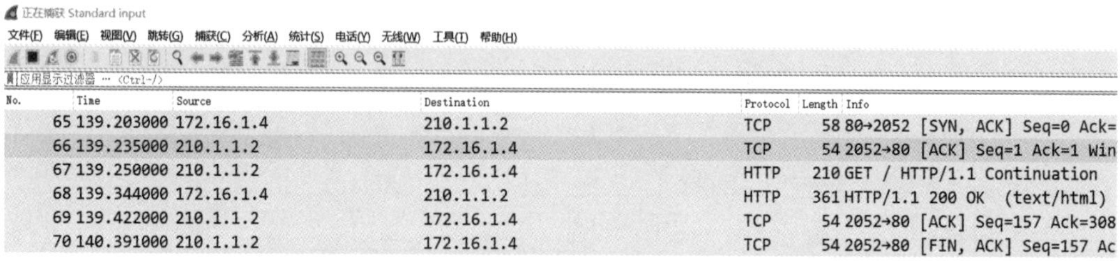

图 7-39　地址转换后 AR1 的 G0/0/0 口抓包结果

8.1 基于使用移动应用软件实施犯罪的 IP 地址提取案例

8.1.1 案件来源

2018 年 1 月 25 日，接到成都市公安机关某网安民警发来的一起手机 APP 网络传销犯罪案件技术协助消息，希望能帮助其分析并定位涉案 APP 服务器的 IP 地址等信息，在王刚老师的指导下，开始了此次定位涉案 APP 服务器 IP 地址的分析实验。

8.1.2 环境搭建

1. Eclipse 软件的下载和安装

Eclipse 是著名的跨平台的自由集成开发环境，其运行需要依靠各种插件来支持。Eclipse 使用的开发语言为 Java 语言，现在也支持其他语言，只需安装相应语言的插件即可。本次所要进行的分析实验，主要基于 Java 环境，同时需要 JDK、ADT 等插件，具体安装细节见后文。不同的 PC 机操作系统所需的 Eclipse 版本不同，可以到其官网下载不同版本的 Eclipse 软件。

将下载后的软件压缩包存放至本地计算机，本文放在 E:\StudySoft 文件夹下，由于 Eclipse 软件难以识别中文标识，所以尽量将软件放在英文命名的文件夹中。在软件安装后不要随意更改文件位置，否则可能会导致软件无法运行。由于该软件是基于 Java 环境，因此还需要安装和配置 Java 开发环境。

2. 安装并配置 Java 开发环境

为了成功创建 Java 运行环境，需要安装 JDK（Java 语言的软件开发工具包）。在英文路径下安装好 JDK 后，在"计算机属性"→"高级系统设置"→"高级页面"，点击"环境变量"，在第二栏选择"系统变量"，然后新增"CLASSPATH"变量，设置变量值：%JAVA_HOME%\lib\dt.jar;%JAVA_HOME%\lib\tools.jar，如图 8-1 所示。设置 JAVA_HOME 变量值：C:\Program Files\Java\jdk1.8.0_05，如图 8-2 所示。设置 Path 变量值：E:\StudySoft\adt-bundle-windows-x86-20140702\sdk\tools;E:\StudySoft\adt-bundle-windows-x86-20140702\sdk\platform-tools;D:\drozer;C:\ProgramData\Oracle\Java\javapath;%JAVA_HO

ME%\bin，如图 8-3 所示。

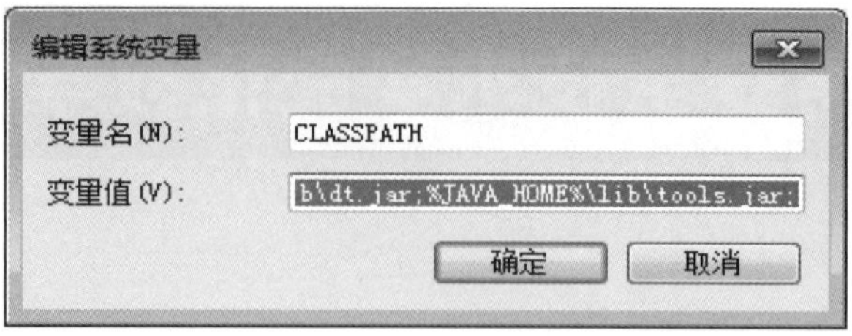
编辑系统变量
变量名(N):
CLASSPATH
变量值(V):
b\dt.jar;%JAVA_HOME%\lib\tools.jar;
确定
取消

图 8-1　CLASSPATH 系统变量变量值

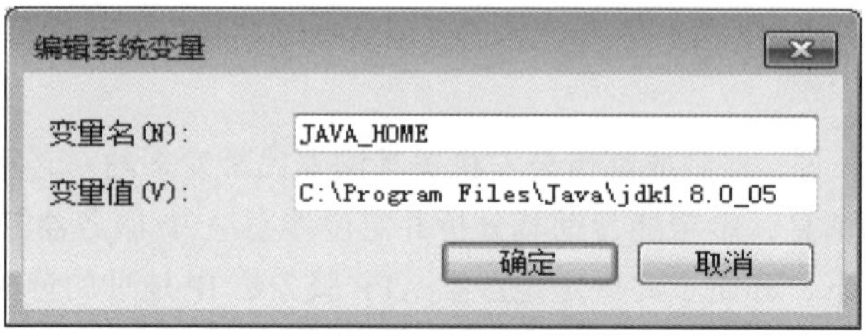
编辑系统变量
变量名(N):
JAVA_HOME
变量值(V):
C:\Program Files\Java\jdk1.8.0_05
确定
取消

图 8-2　JAVA_HOME 系统变量变量值

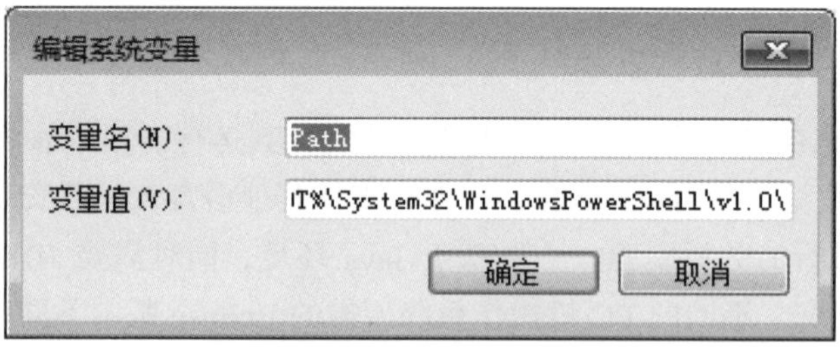
编辑系统变量
变量名(N):
Path
变量值(V):
T%\System32\WindowsPowerShell\v1.0\
确定
取消

图 8-3　Path 系统变量变量值

变量值的设置是根据 Java 运行时所需的各种类库，其中 dt.jar 和 tools.jar 均位于%JAVA_HOME%\lib\下，前者为运行环境类库，后者是在编译和运行过程中需要的工具类库，在 Web 系统中运行 Java 程序，都需要该变量的支持。系统变量设置好后，打开命令提示符，输入：java –version，出现 Java 版本号表示环境变量配置成功，如图 8-4 所示。此时启动 Eclipse，软件即可被打开，但是无法新建安卓虚拟机，其原因是未安装 Android SDK TOOL（ADT）系统软件开发包工具。

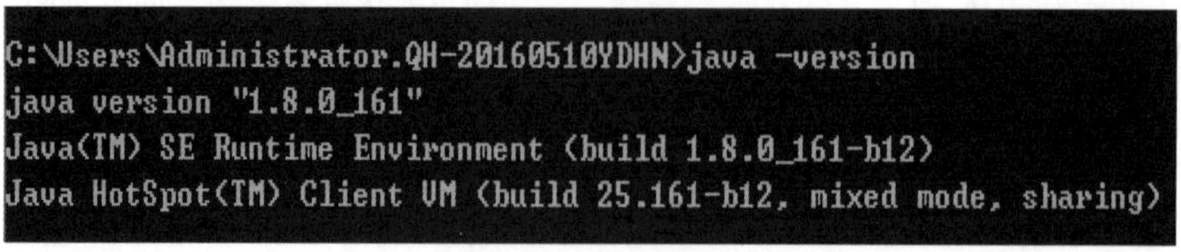
C:\Users\Administrator.QH-20160510YDHN>java -version
java version "1.8.0_161"
Java(TM) SE Runtime Environment (build 1.8.0_161-b12)
Java HotSpot(TM) Client VM (build 25.161-b12, mixed mode, sharing)

图 8-4　Java 版本号

3. ADT 工具包的下载和安装

ADT 是特定的建立应用软件的开发工具集合，是一种开发设计 Android 软件的工具包。安装 ADT 有两种方法，一种为在线安装，方法为：在"Eclipse"→"Help"→"Install New Software"目录下输入网址：http://dl-ssl.google.com/android/eclipse/下载安装包。但是由于 Google 服务器在国外，此种方式下载速度较慢，而且在安装过程中可能出现网址无法找到，或者安装后软件无法使用的问题。另一种安装方法则完美解决了上述问题，即：在网上事先下载好 ADT 文件的压缩包，直接将压缩包放在电脑上对应的工具盘中，不用解压，然后在 "Eclipse"→"Help" →"Install New Software"目录下选择文件存放地址，本次实验选择"/E:/StudySoft/adt-bundle-windows-x86-20140702/sdk/tools/ADT/ADT-23.0.6.zip!/ "作为存放地址，然后选择"Select All"；此后只需一直点击"Next"按钮，如图 8-5 所示，直到点击"Finish"完成安装。

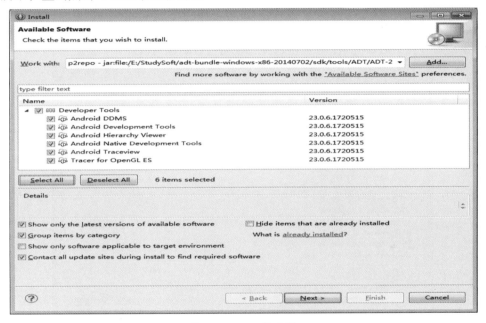

图 8-5　ADT 的安装

安装完毕 ADT 后，重启 Eclipse，虚拟机界面会显示"Android SDK Manager"和"Android Virtual Divice Manager"两个选项，此时点击"Android Virtual Divice Manager"，即可创建一个安卓虚拟机（AVD）。在初次创建 AVD 时，可能会遇到 CPU/ABI 没有选项而导致创建失败的情况，其原因是 Eclipse 软件系统默认 AVD 版本在 4.0 以上，因此需要在 Android SDK Manager 目录中安装 AVD 的版本模拟器插件。但是在安装过程中发现只有 Android 4.4W.2（API20）版本，勾选之后无法安装，其原因是未安装 Android SDK。

4. SDK 插件的下载和安装

软件开发工具 SDK（Software Development Kit）可以为程序设计语言提供一些应用

程序接口（API），是一个文件集，包含库文件、脚本和文档等。SDK可以在互联网上免费下载安装，也可以下载离线安装包。Android SDK 的离线安装包通过网站http://3x007.verycd.com/topics/2887449/下载，解压安装包，打开文件夹后双击运行"SDK Manager.exe"文件，再打开"Android SDK Manager"，会发现出现更多型号的 Android 版本。勾选需要的版本并点击"install"，等待下载。下载完成后再创建 AVD，此时 target 一栏会出现下载过的版本。但是，在此次实验过程中，即使安装了 SDK，CPU/ABI 一栏仍然提示"No system images installed for this target"，其原因是未安装该安卓版本的系统镜像。

参考网上相关资料后，在 SDK 文件夹下新建"system-images"文件夹，放入在网上下载的文件 armeabi-v7a 和 x86，再次运行"SDK Manager.exe"，并重启 Eclipse。最后打开"Android SDK Manager"，单击 tools->options->Clear Cache，关闭 tools，此时 SDK Manager 中就会出现多种版本的 API（如图 8-6 所示），勾选所有的 Android 版本进行下载，并点击"install"后，即可正常安装。将需要的 API 下载完毕后，再创建 AVD，此时 CPU/ABI 一栏出现对应安卓版本的 ARM 可供选择，表明可以新建 AVD。

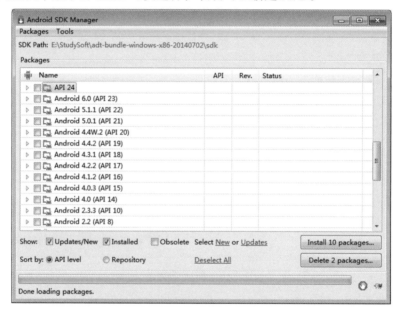

图 8-6　不同版本的 API 下载

5. 创建 Android 虚拟机及其注意事项

安装完前面一系列插件后，即可开始创建 Android 虚拟机。根据本次实验所需要创建的虚拟机（如图 8-7），选择 Android4.2.2 版本，运行内存在选择系统版本时会自动设置，也可以根据实际要求进行更改，SD Card（扩展存储卡）的大小可根据具体情况设置，若设置过大，会导致虚拟机运行缓慢，因此若无特别需要，不必设置过大。在创建虚拟机的过程中，有的版本可能无法运行，因此在创建之前需检查该版本的 API，即应用程序接口是否已经安装好。虚拟机屏幕的默认尺寸较小，可以在创建 AVD 的页面点击选中需要修改的虚拟机，单击"Edit"修改屏幕大小。参数设置好后点击"确定"重启虚拟机，启动成功后出现如图 8-8 所示的 Android 界面。

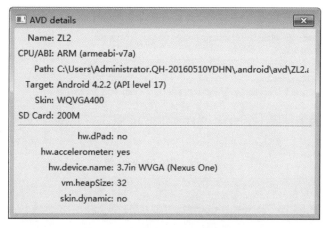

图 8-7　本文虚拟机的具体参数

图 8-8　创建好的虚拟机

6. 虚拟机 ADK 的安装及注意事项

虚拟机创建完毕后，要查找对应移动软件服务器的 IP 地址，需要在虚拟机上安装并运行该移动软件。但是，要使得移动端与服务器进行通讯的内容能够被嗅探软件扫描到，还需要在虚拟机上安装监听软件 Drozer。在安装该软件之前，需要开启安卓虚拟机开发者选项下的"USB debugging"选项，以便能顺利安装 ADK（Android Open Accessory Development Kit，使 Android 设备和其他 USB 设备进行交互，可理解为移动软件安装包）。在网站上下载"drozer-installer-2.3.4"压缩包，解压后双击 "setup.exe"文件，将其安装在 Windows 系统的 PC 机上（如图 8-9 所示），然后打开命令提示符，先后输入命令"adb"

和"adb devices"，将出现以下提示界面（如图 8-10 所示），表明电脑端和 Android 虚拟机之前已经通过 adb 建立了连接。

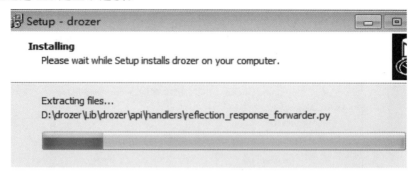

图 8-9　drozer 的安装

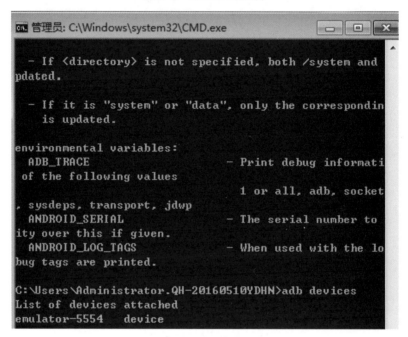

图 8-10　电脑端与虚拟机建立 adb 连接

　　该文件夹下的 agent.apk 需要安装在 Android 虚拟机上，安装方法为：在命令提示符中使用 cd 命令转到 drozer 文件夹所在的盘符，然后输入命令"adb install agent.apk"，出现提示"success"则安装成功。此时打开虚拟机，会看到 drozer.apk 已经到虚拟机，双击 drozer 以运行该软件，再点击右下角打开 drozer 服务器的 31415 端口（如图 8-11 所示）。端口打开后在电脑的命令提示符下输入"adb forward tcp:31415 tcp:31415"，与虚拟机服务器 31415 端口建立 TCP 连接，然后输入"drozer console connect"，出现如图 8-12 所示的提示符，说明本机电脑客户端与虚拟机服务器成功建立 drozer 映射。

图 8-11　打开 drozer 服务器端口

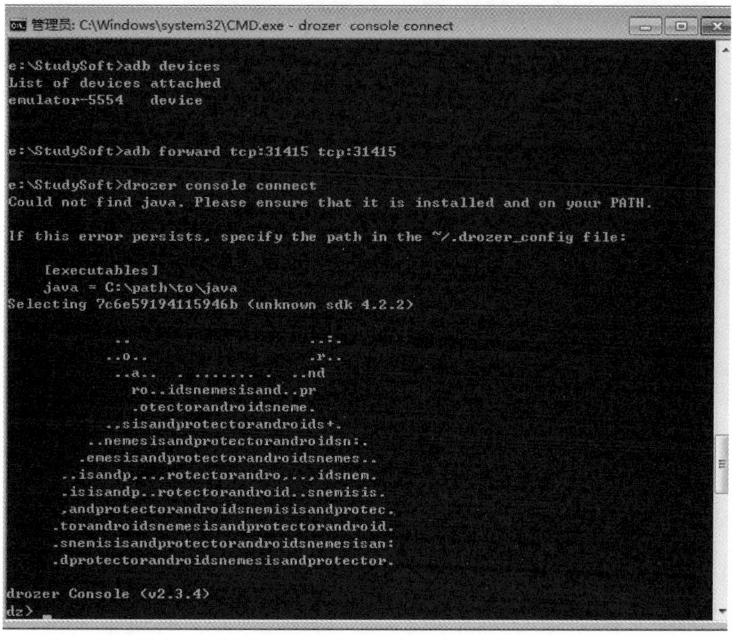

图 8-12　电脑端与服务器端口建立 TCP 连接

此时可以将涉案的 ADK 在 PC 机端通过命令的方式安装至虚拟机,具体命令为:adb install <需要安装的安装包名>.apk(本次实验用的软件为前述涉案的某款移动软件),出现以下界面表明安装成功(如图 8-13)。此时打开虚拟机,可以看到虚拟机已经安装好相应软件,如图 8-14 所示,双击该软件可以使其运行,但是由于有的虚拟机系统版本配置较低,在安装好 apk 后,虚拟机菜单栏不显示软件图标,此时还需要在虚拟机"我的下载"里将 apk 进行手动安装。如果通过此种方法依然无法安装,可以通过虚拟机自带的浏览器进行下载，使用这种方法的前提是本地计算机能连接互联网，并且其中的虚拟机也能够通过电脑连接上互联网。一般来说，只要本地计算机能连接互联网，虚拟机就能够接入互联网，通过虚拟机在网上下载移动软件后直接运行即可。

图 8-13 apk 安装成功界面

图 8-14 涉案 app 软件安装至虚拟机

8.1.3 手机网络传销 APP 软件 IP 地址指向分析

通过截获手机模拟器的数据包来分析涉案移动软件的数据流向，能够更加方便地查找出 App 指向的服务器的 IP 地址。由于模拟器是在本地计算机上运行，所有数据会经过本地计算机的网口进行交换，Wireshark 可以对 Android 模拟器发送和接收的数据包进行抓取，以便于我们对模拟器的网络流量进行分析。Android 模拟器在运行过程中会使用很多协议，本次实验建立的虚拟机使用的是 Android 4.2.2 版本，安装的移动软件采用的是 web view 视角，系统 API 的调用会发出 http 请求，应用软件的启动和运行需要与 App 服务器进行数据交换，而使用移动 App 的过程中会产生流量，因此会使用应用层的 HTTP 协议。HTTP 是 Web 浏览器和服务器交换请求与应答报文的通信协议，使用 TSL 加密协议来保证数据传输的保密性，以及使用 TCP 和 UDP 协议进行传输控制。

HTTP 在互联网的应用中是使用最为广泛的应用层协议之一，但是由于网络基础设施发展缓慢，所以 HTTP 协议的发展也经历了漫长的过程。HTTP 是依赖于 TCP 之上的上层协议，在进行数据包分析之前，首先要了解 TCP 协议。传输层协议有主要 TCP 协议和 UDP 协议，区别在于前者是提供面向连接的服务，而后者是面向无连接的。需要传输大量交互式报文时，应用层会依赖于传输层的 TCP 协议，因为 TCP 协议可以提供可靠的传输服务，适用于各种可靠的或不可靠的网络。一个完整的 TCP 通信过程，在建立连接时 2 个主机需要进行 3 次通信，释放连接需要进行 4 次通信确认。

在抓包开始之前打开 Wireshark，设置好接口和捕获过滤器，然后运行 Eclipse 平台下的 Android 模拟器，此时切换至 Wireshark，点击开始抓包，再打开之前安装的软件并运行，Wireshark 会对软件产生的流量包进行抓取（启动该软件的数据包如图 8-15 所示）。运行一段时间后再在该软件上选择下载服务（下载服务产生的数据包如图 8-15 所示），等待抓包完成后停止抓包。从第二个数据包开始，软件客户端与主机 18*.***.***.*** 进行 TCP 连接，传输 TLSv1.2 协议数据包，可以看出提供软件运行功能的服务器的 IP 地址为 18*.***.***.***。

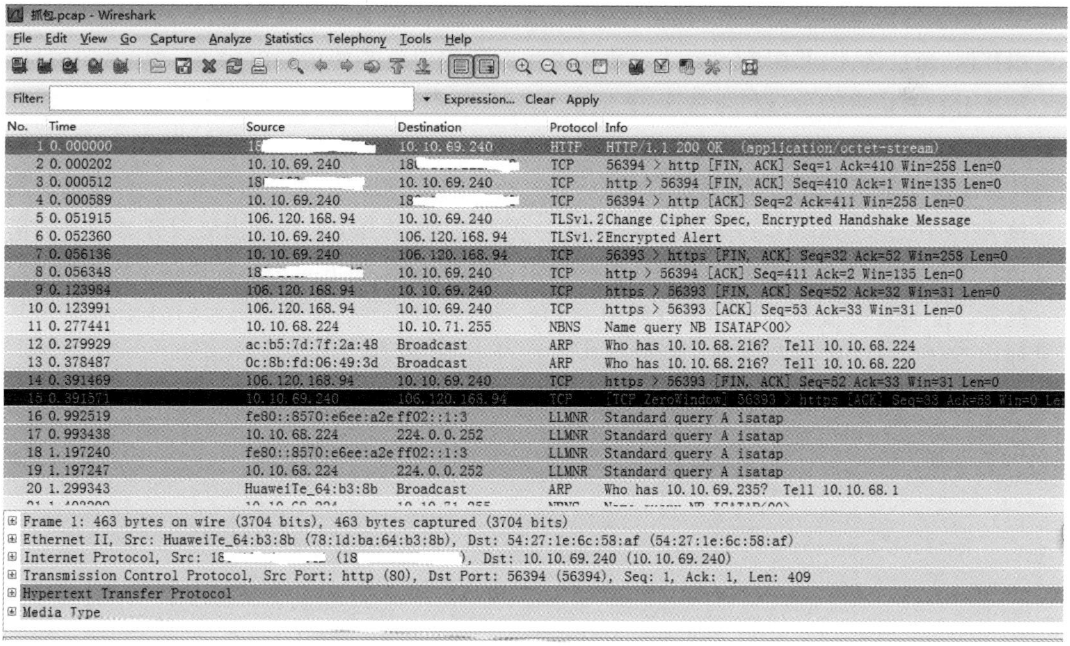

图 8-15 使用下载服务产生的数据包

虽然已经设置了捕获过滤器，但仍然会产生许多无用的数据包，使得分析数据包的过程更加复杂。为了节约时间，需要在显示过滤器上输入过滤条件以分析有效的数据包。由于移动应用软件是基于 HTTP（使用端口号为 80）协议和 TLS（使用端口号为 443）协议进行数据传输，所以可以根据端口号进行数据包过滤。在显示过滤器中输入：tcp.port eq 80 or tcp.port eq 443，其过滤结果如图 8-16 所示。

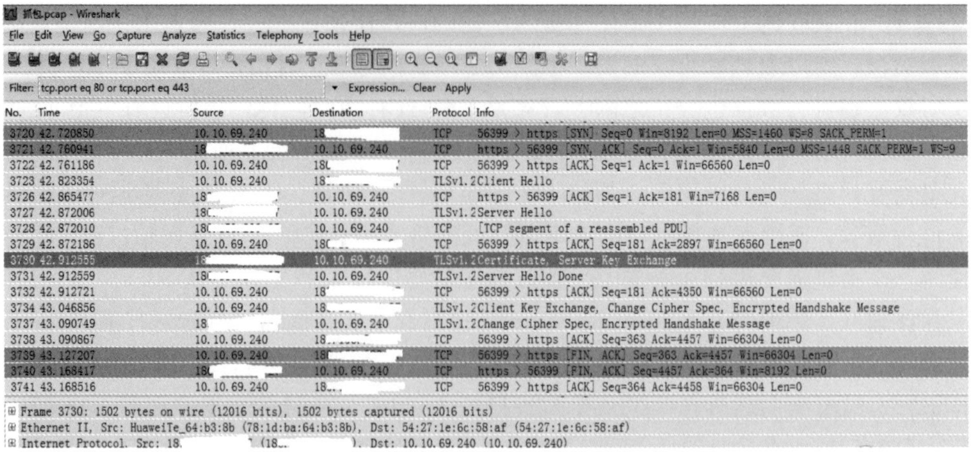

图 8-16　使用端口过滤后的数据包

从第 3720 数据包开始，应用软件客户端与服务器进行 TCP 连接，连通后客户端发送 Client Hello 开始 TLS 握手，完成握手后客户端初始化第一个 HTTP 请求。为了加强数据传输的安全性，需要在 TLS 上应用 HTTP，所有的 HTTP 数据必须作为 TLS 的"应用数据"来发送，因此在 TLS 握手过程中产生的数据包就是使用 HTTPS 协议加密的信息。既然 HTTP 请求的数据包来源于 IP 地址为 18*.***.***.** 的主机，那么可以推定该软件客户端提供下载的服务器 IP 就是 18*.***.***.**。

分析出服务器的 IP 地址后，通过网站"站长之家"查询出两个服务器的 IP 地址归属地为上海电信，如图 8-17 和图 8-18 所示。再通过 IP WHOIS 查询出该服务器的具体街道、管理者姓名、电话、邮箱等信息，如图 8-19 所示，为下一步侦查提供了明确方向。此外，IP 地址归属地查询还可以使用 IP138、搜收录网、ip.cn 网站等，如图 8-20 所示是使用"搜收录网"的查询结果，该网站还可以点击"查看"来确定服务器在地图上的位置。图 8-21 所示是"ip.cn"网站查询 ip 地址归属地结果，该网站主要提供网站域名查询服务。

图 8-17　软件提供运行的服务器归属地

图 8-18　软件提供下载的服务器归属地

```
person: ...
address: Room          Road,Shanghai
country: CN
phone: +86
fax-no: +86
e-mail: \
nic-hdl: \
mnt-by: MAINT-CHINANET-SH
last-modified:
source: APNIC

% This query was served by the APNIC Whois Service version 1.88.15-46 (WHOIS-US3)
```

图 8-19　使用 IP WHOIS 查询服务器的具体信息

图 8-20　使用搜收录网查询 IP 地址的归属地

图 8-21　使用 ip.cn 查询 IP 地址的归属地

8.1.4　关于手机 App 网络犯罪案件信息化侦查方法的思考

央视财经频道曾播出的上海某公司职员小李使用德州**App 进行网上赌博案，该 App 平台对外公开，可供赌客随意下载。赌客在该平台注册会员后，可加入扑克俱乐部，会员间可进行对赌。该平台下设的俱乐部数量众多，每个俱乐部可以开设几十桌牌局，该 App 平台从每桌赢家中抽利，利益巨大，违法了有关法律。对此案的侦查，可采取本文中使用的方法。除了上述类型的案件外，其他不同类型的网络犯罪案件，其侦查方法也有所差异，但各种侦查方法并非独立使用，而是需要综合运用。侦查人员需要全方位梳理和综合研判所有涉案信息，才能高效侦破网络犯罪案件。

8.1.5　总　结

随着手机 App 软件的大量应用，利用 App 实施网络犯罪的案件也在增多，而关于此类新型案件侦查方法的研究却比较少。本文通过查阅资料、实验分析等，分析移动软件客户端与服务器的通信过程，从而确定该软件的服务器 IP 地址。最后通过 IP 地址归属地的查询，侦查出该服务器的管理者姓名、电话、邮箱和服务器具体位置等信息。此种方法具有很强的可操作性，可以应用于利用手机 App 实施犯罪案件的侦查。

8.2　应用网络技术服务公安工作实例

8.2.1　背　景

2020 年 4 月，一名热心群众在四川某市市中区拾到笔记本电脑一台并报辖区派出所，由于该笔记本电脑设置有开机密码，故无法成功开机以获取失主相关信息，导致无法联系到失主并归还其电脑。

8.2.2　Windows 7 系统开机密码绕过原理

Windows 7 是微软公司研发的桌面端操作系统。由于 Windows 系统是通过文件名来调用程序，凭借此原理，我们把文件 cmd.exe 改名为 sethc.exe 后，再次开机，在登录时，连续敲击 5 次 shift，打开的就不是黏滞键，而是 cmd.exe，即命令提示符状态。

黏滞键是一种快捷键，专为同时按下两个或多个键有困难的人设计，其运行程序为 sethc.exe 文件，一般在 C:\Windows\System32\目录下。黏滞键的主要功能是方便 Shift、Ctrl、Alt 与其他键的组合使用。Windows 7 系统开机之后，未输入账号和密码（未登录）时，连续敲击 5 次 shift 键即可弹出，如图 8-22 所示。

图 8-22　连续敲击 5 次 shift 键弹出登录界面

8.2.3　通过网络技术成功登录 Windows 7 系统

在 Windows 系统的启动过程中强制关机，尤其是直接拔掉电源线后，再重新启动计算机，一般会出现如图 8-23 所示的 Windows 错误修复界面。

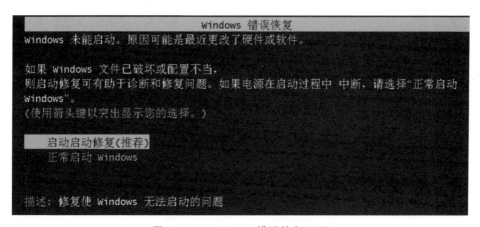

图 8-23　Windows 错误恢复界面

在图 8-23 所示界面中，选择"启动修复（推荐）"，出现如图 8-24 所示界面，选择"取消"按钮，即不通过还原系统进行修复。

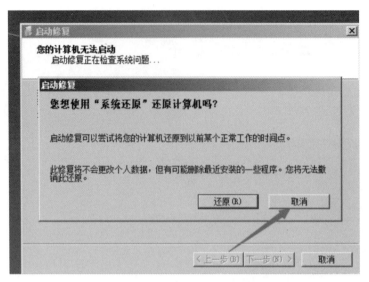

图 8-24　启动修复还原计算机界面

　　取消还原系统之后，计算机就开始检查并修复上次异常关机而导致的问题，如图 8-25 所示。

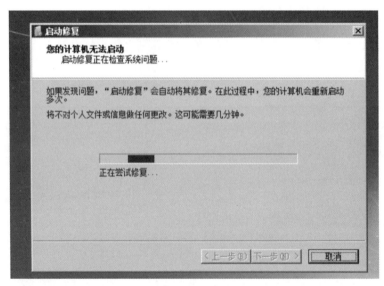

图 8-25　系统尝试修复界面

　　等待一段时间后，系统会弹出启动修复提示框，如图 8-26 所示，此时点击"查看问题详细信息"，将出现如图 8-27 所示界面。

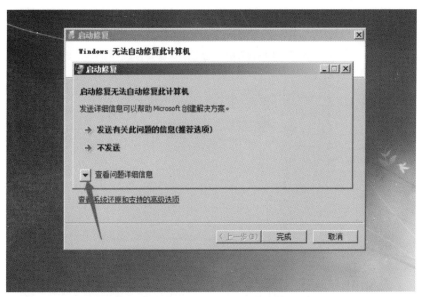

图 8-26　启动修复无法自动修复计算机界面

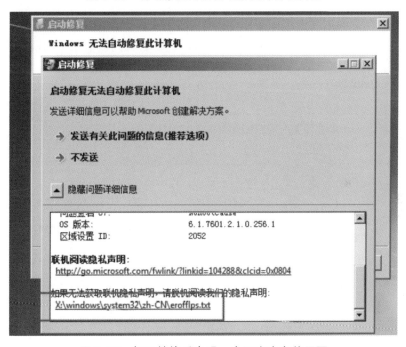

图 8-27　打开链接后出现一个记事本文件界面

　　在图 8-27 中，滑动鼠标到最底部，出现两个链接，单击选择第 2 个链接。打开链接后会出现一个记事本文件，如图 8-28 所示界面，在该界面中选择"文件"→"打开"。

图 8-28　打开文件界面

在图 8-28 中，依次点击"桌面"→"计算机"→"C 盘"→"Windows"→"System32"，将下面的"文件类型（T）"选择为"所有文件"，将会看到该目录下的所有文件，之后在该文件目录下找到控制黏滞键的应用程序"sethc.exe"，如图 8-29 所示。

图 8-29　找到控制黏滞键的应用程序 sethc.exe 界面

鼠标右键单击该文件，将弹出快捷菜单，选择菜单中的"重命名"，则可修改该文件的文件名。将文件名"sethc"修改为任意的名称后，再找到名为"cmd"的应用程序，将该文件名改为"sethc"。文件名修改之后重新开机，进入登录界面连续敲击 5 次 shift

键，则会弹出 cmd 命令提示符窗口，如图 8-30 所示。

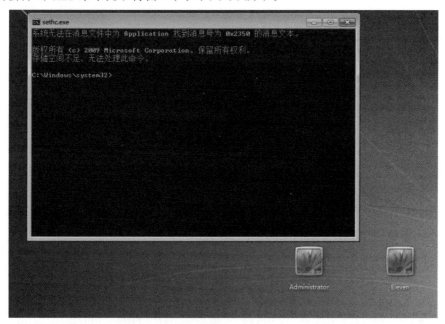

图 8-30　连续敲击 5 次 shift 键就弹出了 cmd 命令提示符窗口

此时可选择创建一个用户账户并提升其权限为管理权限，对此进行以下两步操作：

第一步，通过网络命令创建名字为 test 的用户并设置密码为 123，命令如下：

C:\>net　user　test　123　/add

第二步，使用下列命令将 test 账户权限提升为 Windows 7 系统管理员权限。

C:\>net　localgroup　administrtors　test　/add

此后，利用上面创建的账号和密码可成功登录该电脑。通过分析该电脑存储的相关内容，最后成功地联系上了该电脑的失主并及时归还。

参考文献

[1] wljswj. AAA 及 RADIUS/HWTACACS 协议配置（一）[EB/OL]. https://blog.51c to.com/u_4459021/804157, 2012-03-12/2021-06-02.

[2] 佚名. TACACS[EB/OL]. https://baike.baidu.com/item/TACACS, 2021-04-29/2021-0 6-05.

[3] alone_map. 华为交换机AAA配置[EB/OL]. https://blog.csdn.net/alone_map/article/d etails/52486003, 2016-09-09/2021-06-05

[4] 佚名. 防火墙 USG2000&USG5000 配置 nat server 时 no-reverse 的含义[EB/OL]. https://forum.huawei.com/enterprise/zh/thread-236271-1-1.html, 2015-09-02/2021-0 5-09.

[5] 宽带无线 IP 标准工作组. 《WAPI 实施指南》[EB/OL]. http://www.cnw.com.c n/cnw07/download/Guide_for_WAPI.pdf, 2006-01-01/2021-06-20.

[6] 周周. 华为防火墙实现远程管理的方式及配置详解[EB/OL]. https://blog.csdn.net /weixin_45186298/article/details/102757759, 2019-10-26/2021-06-21.

[7] 友人 a 笔记. USG6000V 通过 IKE 方式协商 IPSec VPN 隧道(采用预共享秘钥认 证)[EB/OL]. https://blog.csdn.net/tladagio/article/details/114578598, 2021-03-09/2 021-06-25.

[8] 曹世宏. 防火墙虚拟系统[EB/OL]. https://blog.csdn.net/qq_38265137/article/detail s/88983393, 2019-04-02/2021-06-25.

[9] HUAWEI. HUAWEI USG6000V 系列 V500R001C10SPC100 典型配置案例[EB/ OL]. https://support.huawei.com/enterprise/zh/doc/DOC1000091499?section=10112, 2015-12-18/2021-06-25.

[10] 王刚. 计算机网络上机实践指导与配置详解[M]. 成都, 四川大学出版社, 2013.08.

[11] 王刚, 杨兴春. 计算机网络技术实践[M]. 成都, 西南交通大学出版社, 2019.06.

[12] 王刚, 杨兴春, 王方华. 高级网络技术实践[M]. 成都, 西南交通大学出版社, 20 20.09.